AF524197

Armin Dett

Schönbär und Nonne

Licht ins geheime Leben der Nachtfalter

Verlag Stadler

Meinen Töchtern Helena und Amelie gewidmet.
Und meinen Eltern.

Größen proportional

Galerie heimischer Nachtfalter

Biologie heimischer Nachtfalter

Anhang und Arten

Ein Mittlerer Weinschwärmer schüttelt Wassertröpfchen ab.

Die geheimen Nachtvögel

Die Zahl der Menschen, die sich in ihrer Freizeit mit Insekten beschäftigen, ist stark rückläufig. Das wissen alle, die in einem naturkundlichen Verein oder in einer Naturschutzgruppe tätig sind. Die Gründe sind zahlreich: ein stressiger Alltag, die Vielzahl der Freizeitangebote gerade im Bereich digitaler Medien, die Entfremdung vieler Städter von der Natur, Naturschutzauflagen usw. Vielerorts sind aber auch die Beobachtungsobjekte seltener vorhanden als früher, denn die Zahl der Insekten hat in Mitteleuropa stark abgenommen. Auch hierfür gibt es viele Gründe: Die Veränderung der Landschaft von kleinräumiger Vielfalt zu großflächiger Monotonie, die Intensivierung der Landwirtschaft zur Agroindustrie unter dauerhaftem Einsatz von Pestiziden und viel Dünger, der Verlust alter landwirtschaftlicher Wirtschaftweisen, die zunehmende Versiegelung der Landschaften – all dies führt zum Verlust von Lebensräumen und Futterpflanzen der Schmetter-linge, bedroht sie aber auch direkt. Trotzdem gibt es sie immer noch, die Vielfalt der kleinen Lebewesen, vermindert zwar in ihrer Anzahl und um einige Arten ärmer. Aber wer sich die Zeit und Muße nimmt, zu warten, zu beobachten und zu suchen, wird auch in Deutschland noch erstaunlich fündig. Ein Beleg dafür ist dieses Buch.

Armin Dett ist einer dieser heutzutage raren Menschen, die ihre Freizeit in nicht unerheblichem Maße der Beobachtung und Entdeckung von Insekten widmen, obwohl er von Ausbildung und Beruf kein Biologe ist. Armin Dett arbeitet als Diplom-Designer und betreibt in Konstanz zusammen mit Ralf Staiger die Firma pragmadesign. Als Designer hat er ein Auge für Formen, Farben, Gestaltungselemente, und davon hat die Natur reichlich zu bieten. Armin Dett findet hier immer wieder Anregungen für seine Design-Studien, und viele seiner Arbeiten haben auch naturkundliche Themen zum Inhalt, so die Mitgestaltung der Insektenausstellung „Facettenreich“ im Naturkundemuseum Karlsruhe. Dazu kommt seine Freude an der Fotografie, auch sie bietet mannigfaltige Möglichkeiten der Darstellung und Gestaltung, wie dieses Buch beweist.

Gebüsch-Grünspanner

Die Fotografien zu diesem einzigartigen Bildband zeigen eine erstaunlich große Auswahl von einheimischen Nachtschmetterlingen, die Armin Dett während eines Beobachtungszeitraums

Größen proportional

von drei Jahren in seinem eigenen Garten in Radolfzell-Markelfingen angetroffen hat. Zum Anlocken benutzte er ganzjährig eine künstliche Lichtquelle vor einem weißen Tuch, das er regelmäßig auf Neuankömmlinge absuchte. Die Tiere wurden alle vor Ort, meist gleich nach ihrem Erscheinen fotografiert, Datum, Flugzeiten und andere Beobachtungsdaten notiert und die Tiere anschließend wieder freigelassen. Manche Arten haben seinen Garten auch als Lebensraum für ihre Nachkommen erkoren, so dass auch Aufnahmen ihrer Eier, Raupen und Puppen gelangen. Auf diese Weise wuchs diese Foto-Insektensammlung einer Lokalfauna immer mehr und hat neben ihrem ästhetischen Reiz auch wissenschaftlichen Wert. Alle Funde wurden vom Schmetterlingskurator Dr. Robert Trusch überprüft und in die Landesdatenbank Schmetterlinge Baden-Württembergs, die das Naturkundemuseum Karlsruhe betreibt, aufgenommen.

Aus diesem reichen Bilderfundus schöpft dieses Buch. Er erlaubte, einen Teil des Buchs aus dem Blick des Designers nach künstlerischen Aspekten zu komponieren, aber auch zahlreiche Aspekte aus der Biologie der Tiere in Bildern zu beschreiben und eine maßstabsgetreue bildliche Übersicht als Bestimmungstabelle über die heimische Vielfalt der Nachtschmetterlinge zu geben.

Neben der eigenen Freude, die das Zusammenstellen jahrelanger Beobachtungen zu einem Buch mit sich bringt, hofft der Autor natürlich auch auf Freude beim Leser und Betrachter. Armin Dett möchte mit seinem Werk die Aufmerksamkeit auf die verborgene und heute Vielen unbekannte Schönheit lenken, die des Nachts in unseren Gärten unterwegs ist. Manches erweist sich bei genauem Hinsehen doch nicht als die langweilige, graue „Motte“, die man zunächst vermutet hatte und vielleicht totschlagen wollte. Das Buch kann auch als wertvolle Bestimmungshilfe für die Mehrzahl der Nachtfalter, die in einem Garten anzutreffen sind, genutzt werden, denn die dargestellten Arten sind alle mit bloßem Auge erkennbar. Dazu liefert es die Informationen zum jahreszeitlichen und nächtlichen Auftreten der Falter und gibt Anregungen für eine nachtfalterfreundliche Gartengestaltung bei der Bepflanzung. Letztlich will es eine schön gestaltete Werbung sein, sich mit diesen „Nachtvögeln“, wie sie früher genannt wurden, zu beschäftigen.

Manfred Verhaagh

Augen-Eulenspinner

Violett-Gelbeule

Kupferglucke

Wenn ich an besonders schöne und eindrückliche Kindheitserlebnisse zurückdenke, sind darunter viele Begegnungen mit Schmetterlingen und anderen Insekten. Meine frühesten Zeichnungen von „Urkreiseln“ finden sich in einem Insektenbuch, wenig später waren die Schmetterlings- und Käferbücher von Koch und Reitter die ersten regelmäßig von mir verschlungenen Bücher. Ich erinnere mich noch gut an die farbigen Schaukästen der Faltersammlung meines Vaters, die, wie früher üblich, mehr der Freude und Lust als der Wissenschaft dienten. Und an Lichtfangnächte mit meinem Papa und einer fauchenden Petromax sowie mit meinem langjährigen „Falterfreund“ Holger, den ich im Alter von 14 Jahren als Lebensfreund kennenlernte, als wir staunend einen Schmetterlingskasten studierten. Mich störte immer das Töten und Entnehmen der Falter aus der Natur. Ich wollte eine achtsamere Art der Auseinandersetzung mit der Schönheit der Falter.

Sicher waren es die Farbigkeit und Formenfülle der Schmetterlinge, die mich für das Malen und Zeichnen nach der Natur und schließlich für Gestaltung motivierten. Irgendwann erkannte ich, dass all die Farben und Formen auch ihre biologischen Bedeutungen haben. So wie im Design, meinem heutigen Berufsfeld, Funktionalität mit schöner Gestaltung pragmatisch zu einem konkurrenzfähigen Produkt kombiniert sind.

Ich gestehe gerne, dass mich die Ankunft einer für mich schönen, unbekannten oder gar seltenen Nachtfalterart am Licht im Garten noch heute, als erfahrener Vater und Fünfziger, kräftig mit kindlichem Glück und Gänsehaut übermannt. Für mich sind Nachtfalter schöne kleine Freuden, die ich nachts unter Sternen in dunkler Galerie anschauen und erleben kann. Einige habe ich in diesem Buch zu einer Sammlung von Naturkunstwerken zusammengetragen.

Galerie heimischer Nachtfalter

Farben der Schmetterlinge

Die meisten Farben der Schmetterlinge entstehen durch das Zusammenspiel von Licht und Farbpigmenten, die in den Schuppen und Haaren der Flügel und anderer Körperteile eingelagert sind. Pigmente verschlucken die verschiedenen Wellenlängen des einfallenden Lichts ganz (dann ist die Farbwirkung schwarz) oder nur zum Teil. Das nicht absorbierte Lichtspektrum wird von den Pigmenten zurückgeworfen und ergibt dann die entsprechende Farbwirkung. Rote Schuppen reflektieren also den roten Lichtanteil und absorbieren gleichzeitig die restlichen Wellenlängen des Lichts. Durch verschiedene Pigmente in unterschiedlichen Anteilen entstehen die vielfältigen Farbnuancen der Schmetterlingsflügel in rot, gelb, braun, grau, schwarz oder weiß, selten auch grün und noch seltener blau. Weitere Farbeindrücke und der Glanz und das Schillern mancher Falter entstehen nicht durch Farbpigmente, sondern durch die Feinstruktur der Schuppen und dadurch bedingte physikalische Lichteffekte wie Beugung, Streuung und Interferenz (Strukturfarben).

Größen proportional

Rot ist selten

Magenta und Rot sind seltene Farben bei den einheimischen Nachtfaltern. Nur wenige Bärenspinner (Noctuidae) und zwei Schwärmerarten (Sphingidae) sind kräftig leuchtend rot gefärbt. Nur sechs Prozent der im Buch behandelten über 230 Arten haben überhaupt rot farbene Flügelpartien.

Größen proportional

Seltene Farbe Grün

Auch grün ist wider Erwarten eine seltene Farbe bei den heimischen Nachtfaltern. Einige Spannerarten (Geometridae) und Eulenarten (Noctuidae) sind wie Blattwerk von Pflanzen gefärbt. Nur rund sechs Prozent der im Buch vorgestellten Arten haben grüne Flügelpartien. Dafür gibt es Falter, die fast einfarbig grün sind. Grün kann auf sehr verschiedene Weise erzeugt werden: physikalisch als Strukturfarbe, durch grüne Pigmente, durch eine Mischung aus blauen und gelben Pigmenten oder durch blaue Strukturfarben plus gelbe Pigmente. Die das Grün erzeugenden Farbpigmente verblassen sehr schnell, nur frisch geschlüpfte Exemplare sehen kräftig grün aus.

Größen proportional

Farbgruppe gelb-orange-ocker

Etwa 15 Prozent der im Buch vorgestellten Arten haben gelbe, orange oder ockerfarbene Tönungen. Es ist die zweithäufigste Farbgruppe bei den heimischen Nachtfaltern. Einige Spannerarten (Geometridae), Eulenarten (Noctuidae), aber auch Sichelflügler (Drepanidae) sowie Glucken (Lasiocampidae) sind komplett derart gefärbt. Fast 75 Prozent der Nachtfalterarten haben überwiegend graue und braune Farben.

Größen proportional

Größen proportional

Größen proportional

Größen proportional

Farbwirkung weiß

Der Farbeindruck weiß entsteht entweder durch Pigmente, die alle Wellenlängen des sichtbaren Lichts reflektieren, oder durch vielfache Streuung an kleinsten Strukturen (Nanostrukturen) auf den Flügelschuppen. Etwa 13 Prozent der hier beschriebenen Falter haben weiße Flügelfärbungen oder Behaarung.

Schimmernder Glanz: Strukturfarben

Die von Tagfaltern bekannten Struktur- und Schillerfarben finden sich auch bei Nachtfaltern, meist in Kombination mit Pigmentfarben. Schuppen mit besonderen Oberflächenstrukturen im mikroskopischen Bereich (Rippen, Gitter, Grübchen, mit Luft gefüllte Schichten oder eingelagerte Partikel) beugen, streuen und reflektieren das einfallende Licht. Außerdem werden durch das Phänomen der Interferenz an diesen Nanostrukturen verschiedene Wellenlängen des Lichts entweder verstärkt, abgeschwächt oder gar ausgelöscht. Neben der eigentlichen Farbwirkung – häufig Grün- und Blautöne sowie weiß – wird durch bestimmte Strukturen auch das Schillern oder Irisieren der Farben erzeugt, das sich je nach Blickwinkel ändert. Bei der Messingeule sind solche Schuppen auf einige Flügelregionen beschränkt und bilden dort spiegelnde Flächen. Beim Mondfleck ist die gesamte Flügelfläche mit Schuppen belegt, die irisierende Farben erzeugen. Nur rund fünf Prozent der im Buch gezeigten Nachtfalter haben glänzende Flügelpartien.

Besonders selten bei Nachtfaltern kommt die Farbe blau vor. Hier zu sehen bei der Heidelbeer-Wintereule (*Conistra* cf. *vaccinii*).

Größen proportional

Flügel werden zu Schutzmänteln

Neben der Farbe ist die Form vieler Nachtfalter besonders interessant. Durch Haarbüschel auf Brust und Hinterleib, stark behaarte Beine und in Ruheposition angelegte Fühler und Beine gleichen ihre Körper abgebrochenen Zweigen. Viele Arten drehen ihre Flügel in der Ruheposition nach hinten und umhüllen damit ihren Körper. Wie kleine Röhrchen wirken sie dann. Muster und Farben sind so angeordnet, dass sie auch bei zusammengelegten Flügeln tarnen.

Größen proportional

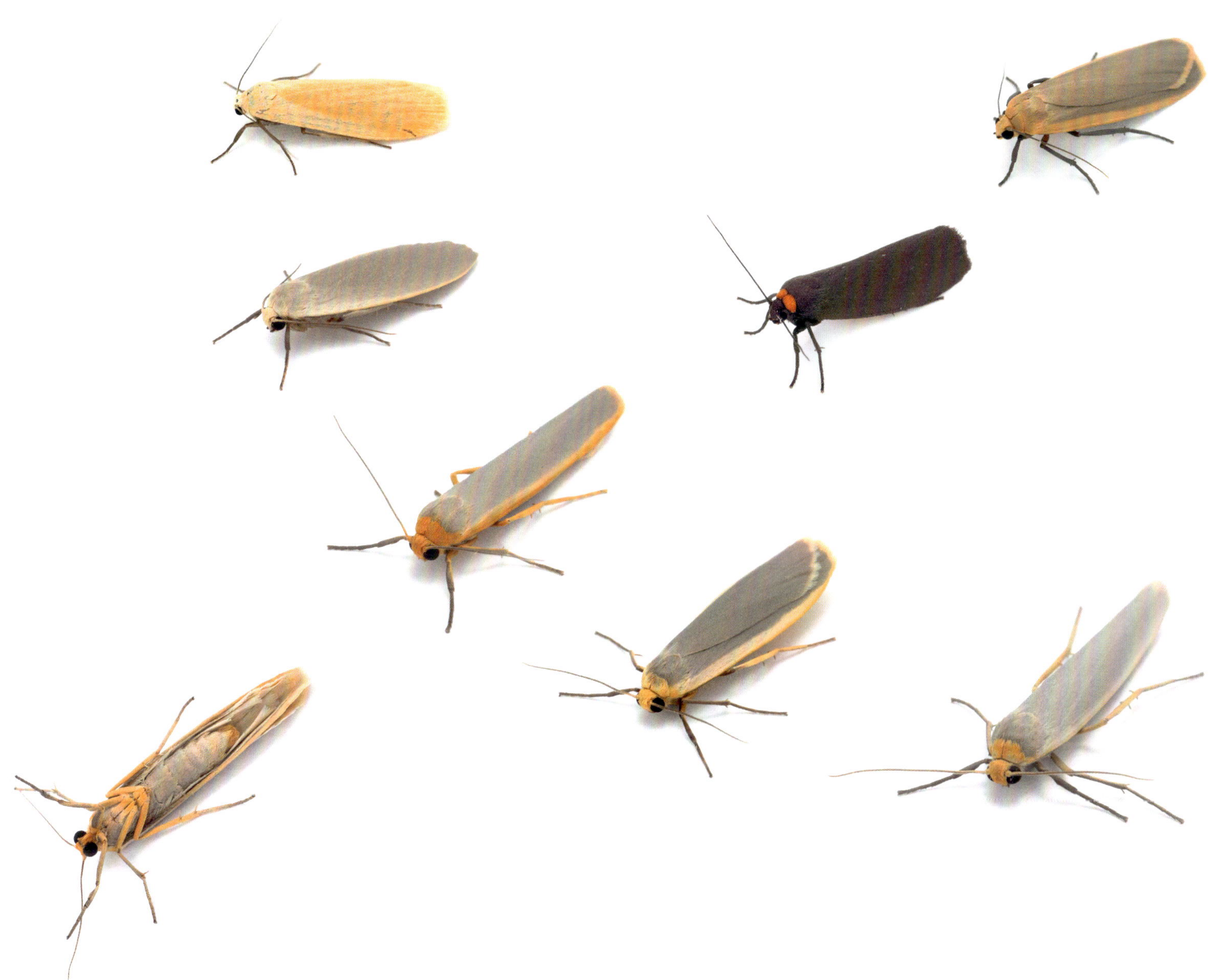

Design am Flügelrand

Viele Nachtfalter haben gezackte, gebuchtete oder eingeschnittene Flügelränder. Auch die Flügeloberflächen sind oft gewellt. Dadurch wird der Körperumriss optisch aufgelöst, vor allem wenn sich die Falter auf Pflanzen niederlassen, weil viele Blattränder ähnlich gestaltet sind. Wie und ob sich derartige Flügelränder auf die Flugeigenschaften auswirken, ist nicht bekannt.

Größen proportional

Größen proportional

Größen proportional

Originalgrößen

Große Nachtfalter

In jeder Schmetterlingsfamilie gibt es große und kleine Vertreter. Der Windenschwärmer (Sphingidae) gehört zu den größten Nachtschmetterlingen bei uns und erreicht die stattliche Flügelspannweite von 80 bis 130 mm. Er passt mit ausgebreiteten Flügeln gerade so in eine durchschnittlich große Hand. Das Kleine Nachtpfauenauge (Saturnidae) hat mit 60 bis 85 mm zwar eine kleinere Spannweite als der rasant fliegende Windenschwärmer, dafür aber eine größere Flügelfläche. Auch Ordensbänder (Noctuidae), Weidenbohrer (Kleinschmetterling, Cossidae) und der Eichen-Zahnspinner (Notodontidae) sind große Vertreter ihrer Schmetterlingsfamilien.

Originalgrößen

Mittelgroße Falter

Die Mehrzahl der Eulenfalter (Noctuidae), Zahnspinner (Notodontidae) und Spanner (Geometridae) sind mittelgroß und erreichen Flügelspannweiten um 40 bis 50 mm. Das entspricht der Länge eines üblichen Streichholzes.

Kleine Falter

Die große Mehrzahl der zu den „Großschmetterlingen" gehörenden Nachtfalter sind relativ kleine Tiere. Sie können gut auf einer Fingerspitze sitzen. Die mehrgliedrigen Beine sind dann so dick wie ein Haar, die Köpfe der Falter kleiner als Stecknadelköpfe.

Noch kleiner sind die meisten der sogenannten „Kleinschmetterlinge" *(im Buch nicht weiter behandelt)* unter den Nachtfaltern. Für die kleinsten unter ihnen stellt die Luft bereits ein so dichtes Medium dar, dass ihre Fortbewegung eher einem Rudern im „zähen" Wasser als dem Fliegen in „dünner" Luft gleicht. Ihre Raupen leben oft in Blattminen, d.h. zwischen Blattoberseite und Blattunterseite.

Kleinschmetterlinge

Originalgrößen

Größen proportional

Größen proportional

Größen proportional

Größen proportional

Mond

RO 80

Gamma

Größen proportional

Leier, Gamma

L

C

Größen proportional

Größen proportional

Größen proportional

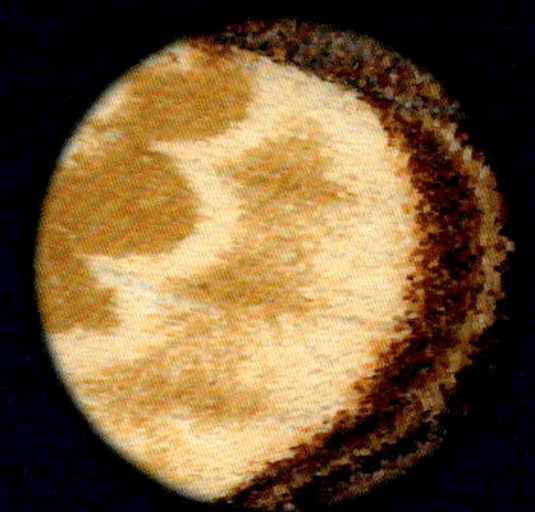

In Deutschland sind rund 3 700 Schmetterlingsarten (Lepidoptera = Schuppenflügler) nachgewiesen, die in zahlreiche Familien unterteilt werden. Traditionell gruppierte man sie in Groß- und Kleinschmetterlinge (Macro- und Microlepidoptera). Diese Einteilung spiegelt jedoch keine natürlichen Verwandtschaftsgruppen wider, und es gibt auch einige kleine Groß- und große Kleinschmetterlinge. Die Großschmetterlinge werden auf ähnliche Weise in Tag- und Nachtschmetterlinge unterteilt. Auch diese Einteilung spiegelt keine Verwandtschaftsverhältnisse wider. Zu den Tagfaltern werden alle Arten gerechnet, die keulenförmige Fühlerenden haben. Alle anderen Großschmetterlinge werden als Nachtfalter bezeichnet. Unter ihnen gibt es aber auch Familien mit tagaktiven Arten.

Dieses Buch behandelt über 230 Arten aus verschiedenen Nachtfalterfamilien sowie einige Kleinschmetterlinge, die ebenfalls nachts regelmäßig angetroffen und auch vom Laien bestimmt werden können. Schmetterlinge gehören zu den Kerbtieren (Insecta) und so in die Verwandtschaft von Krebsen, Spinnentieren und Tausendfüßern. Zusammen bilden diese Gruppen die Gliederfüßer (Arthropoda). Aber nicht nur die Füße dieser Tiere sind gegliedert, sondern der gesamte Körper ist in einzelne Segmente unterteilt, die aber von außen nicht alle unterschieden werden können, da sie miteinander verschmolzen sind. Auch entspricht die äußerlich sichtbare Segmentierung nicht exakt der inneren Einteilung.

Biologie heimischer Nachtfalter

Grasglucke, Männchen (vergr.)

Die Fühlerform entscheidet

Im Gegensatz zu den keulenförmigen Fühlern der Tagfalter sind die der Nachtfalter faden- oder pfriemförmig, einfach oder doppelseitig gekämmt. Letztere Formen dienen der Oberflächenvergrößerung und kommen besonders ausgeprägt bei Männchen vor. Tagfalter haben immer knopfförmig verdickte Fühlerenden, weshalb sie früher auch in der Wissenschaft zur Gruppe der „Knopfhörner" (Rhopalocera) zusammengefasst wurden.

Was ist ein Nachtfalter?

Ausnahme: Dickkopffalter haben keine Keulenhörner, sind aber Tagfalter im weiteren Sinne.

Tagfalter haben keulenförmige Fühlerenden.

Fühlerende eines Tagfalters (Bläuling).

Nachtfalter haben fadenförmige, am Ende zugespitzte oder gekämmte Fühler.

Originalgrößen

Fadenförmiges Fühlerende
eines Nachtfalters (Eule).

Zugespitztes Fühlerende
(Ahle, Pfriem) eines Nachtfalters
(Schwärmer).

Gekämmtes Fühlerende
eines Nachtfalters (Spinner).

Flügelkopplung
Beim Windenschwärmer greift eine kräftige Borste (Frenulum) des Hinterflügels in einen gebogenen Hautlappen (Retinaculum) am Vorderflügelrand. So sind die Flügel beweglich zu einer Schlagfläche verbunden.

Gestalt

Im Außenskelett der Nachtfalter lassen sich drei Abschnitte leicht erkennen: Kopf, Brust und Hinterleib. Diese Körperteile sind jeweils aus mehreren Segmenten zusammengesetzt, was am Hinterleib gut nachzuvollziehen ist. Festigkeit und Widerstandsfähigkeit erhält das Außenskelett aus einem Komplex des Kohlenhydrats Chitin mit Eiweißen. Flexible Membranen zwischen den härteren Teilen des Skeletts ermöglichen die Beweglichkeit des Körpers. Auch die den ganzen Falter bedeckenden Schuppen und Haare bestehen aus dem gleichen Material.

Größen proportional

Messingeule
Ihr Rüssel gleicht am vorderen Ende einem Pinsel und kann flüssige Nahrung „auftupfen".

Buchen-Streckfuß

Facettenaugen

Die häufig sehr großen Komplex- oder Facettenaugen der Nachfalter sind aus Hunderten bis mehreren tausend Einzelaugen zusammengesetzt, haben ein großes Sehfeld und können insbesondere Bewegungen gut erkennen. Die Augen sind im ultravioletten Bereich des Lichts sehr empfindlich, was sich beim nächtlichen Lichtfang mit UV-Lampen ausnutzen lässt. Luftröhren zwischen den Einzelaugen reflektieren das Licht, das so besser ausgenutzt wird, während am Tag Pigmentzellen die Augen vor zu viel Sonnenlicht schützen.

Vielzahn-Johanniseule

Rüssel und Palpen

Die Mundwerkzeuge der Falter sind im Vergleich zu den kauenden Formen vieler anderer Insekten wie auch ihrer eigenen Larven, den Raupen, stark verändert. Bei den meisten Faltern bilden die beiden Unterkieferhälften einen unterschiedlich gut entwickelten Saugrüssel, der in der Ruheposition an der Kopfunterseite eingerollt und geschützt ist. Mit ihm saugen die Falter Blütennektar und andere flüssige Nahrung auf, soweit sie überhaupt Nahrung zu sich nehmen. Stark ausgebildet können auch die seitlich vom Rüssel liegenden Labialpalpen sein, mit denen sie tasten und schmecken.

Palpen-Zahnspinner

Hopfen-Zünslereule

Mit den Fühlern auf Brautschau

In den Fühlern befinden sich verschiedene Sinnesorgane in großer Zahl. Damit riechen und tasten die Tiere, nehmen Luftströmungen, Vibrationen und sogar Temperaturunterschiede wahr. Die doppelseitig gekämmten Fühler bei den Männchen von Buchenspinner, Nagelfleck und Nachtpfauenauge haben eine sehr große Oberfläche und dadurch viel Platz für Sinnesorgane zum Riechen. Damit können die von den Weibchen verströmten Lockstoffe (Pheromone) auch aus großer Entfernung wahrgenommen werden.

Buchenspinner

Kleines Nachtpfauenauge
Die Männchen haben auffällig große und gekämmte Fühler, mit denen sie Duftstoffe der Weibchen gut riechen können.

Kleines Nachtpfauenauge

Nagelfleck
Riesige Fühler und kleiner Kopf beim Männchen

Größen proportional

Hörorgan (Tympanalorgan) bei der Messingeule.

Der Zickzack-Zahnspinner hat stark behaarte Vorderbeine.

Drei Beinpaare

An jedem der drei Brustsegmente ist ein gegliedertes Laufbeinpaar eingelenkt. Die Beine tragen am Ende der fünfgliedrigen Zehen (Tarsen) je zwei Krallen und sind oft dicht mit Schuppen und Haaren besetzt, was zur Tarnung der Tiere beiträgt. Sporne und Borsten geben Halt bei der Fortbewegung. Die Beine werden häufig eng am Körper angelegt.

Hausmutter

Hörorgan bei einem Ordensband (Eulenfalter).

Kupferglucke

Hören mit der Brust

Viele Nachtschmetterlinge können auch Luftschall wahrnehmen. Sie hören mit Tympanalorganen, die im hinteren Bereich der Brust oder am Hinterleib liegen. Sie bestehen aus einer dünnen Membran des Außenskeletts (Trommelfell oder Tympanum) und einer dahinter liegenden Grube, die von einer Erweiterung des Luftröhrensystems gebildet wird. Sinneszellen nehmen Tonfrequenz und Schalldruck vom Trommelfell auf. Nachtfalter hören gut im Ultraschallbereich, den Fledermäuse zur Echoortung bei der Jagd nutzen.

Kleiner Weinschwärmer

Kleines Nachtpfauenauge

Die Flügel sind trotz steifer Adern biegsam.

Lotuseffekt beim Mittleren Weinschwärmer.

Beim Blausieb sieht man durch den fast transparenten Flügel die unten sitzenden Schuppen.

Flügeladern bei der Kupferglucke.

Beschuppte Flügelpaare

An der Brust sitzen außen zwei Flügelpaare und im Innern die Flugmuskeln. Die vier Flügel entstehen aus dünnen Skelettausstülpungen und werden durch harte Adern stabilisiert. Anders als Tagfalter legen Nachtfalter im Sitzen ihre Flügel nach hinten. Im Flug sind sie durch Borsten, Haare oder Falten zu einer Funktionseinheit verbunden.

Größen proportional

Schuppen und Flügelzeichnung

Die Flügel der Nachtfalter sind auf beiden Seiten mehr oder weniger ganz von filigranen Schuppen bedeckt, die auch für die wissenschaftliche Bezeichnung der Schmetterlinge (Lepidoptera = Schuppenflügler) ausschlaggebend waren. Entwicklungsgeschichtlich sind sie aus Haaren entstanden, wie sie auch auf den Flügeln ihrer nächsten Verwandten, den Köcherfliegen (Trichoptera = Haarflügler), zu finden sind.

Die sich selbst reinigenden Schuppen (Lotuseffekt) variieren je nach Falterart und Flügelregion in ihrer Form und Leichtbauweise, weisen aber alle verschiedene feinste Oberflächen- und Innenstrukturen auf. Zusammen mit eingelagerten Pigmenten geben diese Nanostrukturen durch Beugungs- und Interferenzeffekte des einfallenden Lichts den Flügeln ihre Farbigkeit.

Beim Skabiosenschwärmer sind die Flügel nur an den Rändern und auf den Flügeladern beschuppt.

Markante Schuppen finden sich oft oben auf der Brust und sehen aus wie Haarschopfe.

Nach vielen Flugstunden verlieren die Falter zwar Schuppen, bleiben aber voll flugfähig.

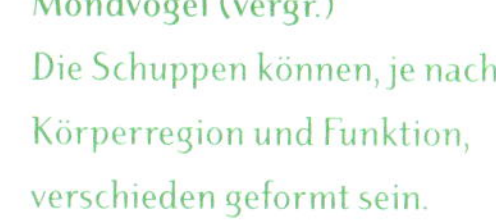

Mondvogel (vergr.)
Die Schuppen können, je nach Körperregion und Funktion, verschieden geformt sein.

Windenschwärmer

Kiefernschwärmer

Mittlerer Weinschwärmer

Hinterleib

Der Hinterleib der Nachtfalter ist manchmal groß und bunt gefärbt, wird aber beim ruhenden Falter von den Flügeln weitgehend verdeckt. Wie der übrige Körper ist auch der Hinterleib (Abdomen) dicht mit Schuppen und Haaren besetzt. Dieser „Pelz“ schluckt Schall und mindert so die Gefahr, durch die Suchrufe der Fledermäuse geortet zu werden. Außerdem schützt er vermutlich die Falter durch die eingeschlossene Luft in kühlen Nächten vor zu schnellem Verlust der erzeugten Muskelwärme, aber auch vor Überhitzung durch die Sonne am Tag.

Beim Rohrbohrer ist der Hinterleib deutlich länger als die Flügel. Seine Raupe lebt in den Schäften von Schilfrohr, wo sie sich auch verpuppt. Der schlüpfende Falter passt deshalb genau in einen Schilfhalm.

Größen proportional

Kleiner Weinschwärmer

Blausieb

Schwarzeck-Zahnspinner

Hobelspanner

Ringelspinner

Verdauung und Vermehrung

Der Hinterleib enthält den Großteil des Darmtrakts, das Herz, einen Teil des Nervensystems und die Geschlechtsorgane, zum Beispiel den Eiablageapparat (Ovipositor) der Weibchen und den Klammerapparat der Männchen, der auch zur Artunterscheidung nützlich ist. Hier befinden sich auch die Duftstoffdrüsen, mit denen die Weibchen die Männchen anlocken. Die Sauerstoffversorgung aller inneren Organe und Gewebe wird über Luftröhren (Tracheen) sichergestellt, die den Körper überall durchziehen. Ihre Öffnungen (Stigmen) sind an den Körperseiten gelegen.

Eiablage beim Weibchen des Schwarzeck-Zahnspinners.

Ovipositor beim Kleinen Nachtpfauenauge.

Erpelschwanz-Rauhfußspinner strecken den Afterbusch an der Hinterleibsspitze durch die zusammengefalteten Flügel hervor.

Der Afterbusch beim männlichen Palpen-Zahnspinner ist zweiteilig.

Der Hinterleib des Rotflügelbärs ist leuchtend rot gefärbt.

Nachtfalter bestimmen

Die Nachtfalter in diesem Buch können anhand der Zeichnung des Vorderflügels bestimmt werden. Auch in der weiterführenden Literatur erfolgt die Beschreibung der Falterarten anhand von Zeichnungselementen der Flügel. Hierzu werden die Flügel in Regionen aufgeteilt. Die Regionen wiederholen sich auf dem Vorder- und Hinterflügel.

Auch die Ränder der Flügel sind zur Bestimmung der Arten wichtig. Unterschieden wird in Vorderrand, Außenrand und Innenrand. Vorderrand und Außenrand bilden beim Aufeinandertreffen die Flügelspitze, auch Apex genannt. Außenrand und Innenrand des Vorderflügels bilden zusammen den Innenwinkel. Der Innenwinkel des Hinterflügels wird Analwinkel genannt, der des Vorderflügels Basis.

Die anatomische Unterteilung der Flügel erfolgt durch die Adern der Flügel. Die Adern werden nummeriert, beginnend mit der Nummer 1 bei der Ader, die parallel zum Innenrand verläuft. Die Ausbildung der Flügeladern ist für die Taxonomie besonders wichtig, da die verschiedenen Schmetterlingsfamilien ein für sie typisches Flügelgeäder (Flügelnervatur) haben. Die Adern selbst versteifen die biegsamen Flügel und stellen Kanäle für Tracheen und Blutflüssigkeit zur Versorgung der Flügel dar. Die Adern teilen die Flügelfläche in verschieden große und gestaltete Zellen auf. Dabei fällt eine Zelle besonders auf, die mehr oder weniger in der Mitte des Flügels liegt, die Diskoidalzelle. Die Ränder um die Diskoidalzelle bilden Adern, die nicht die Flügelränder berühren.

Reingraue Staubeule (*Caradrina gilva*), vergr.
Nicht jeder Nachtfalter hat eindeutige Zeichnungselemente ausgebildet. Die Artbestimmung ist dann schwierig und lässt sich oft nur durch eine Untersuchung der Genitalien abschließen.

Weißgerippte Lolcheule (*Tholera decimalis*), vergr.
Bei der Familie der Eulen (Noctuidae), führt die Betrachtung der Flügelregionen und Zeichnungselemente meistens zur Artbestimmung. Die Eule Tholera decimalis hat die wichtigsten Zeichnungselemente deutlich sichtbar ausgebildet.

Größen proportional

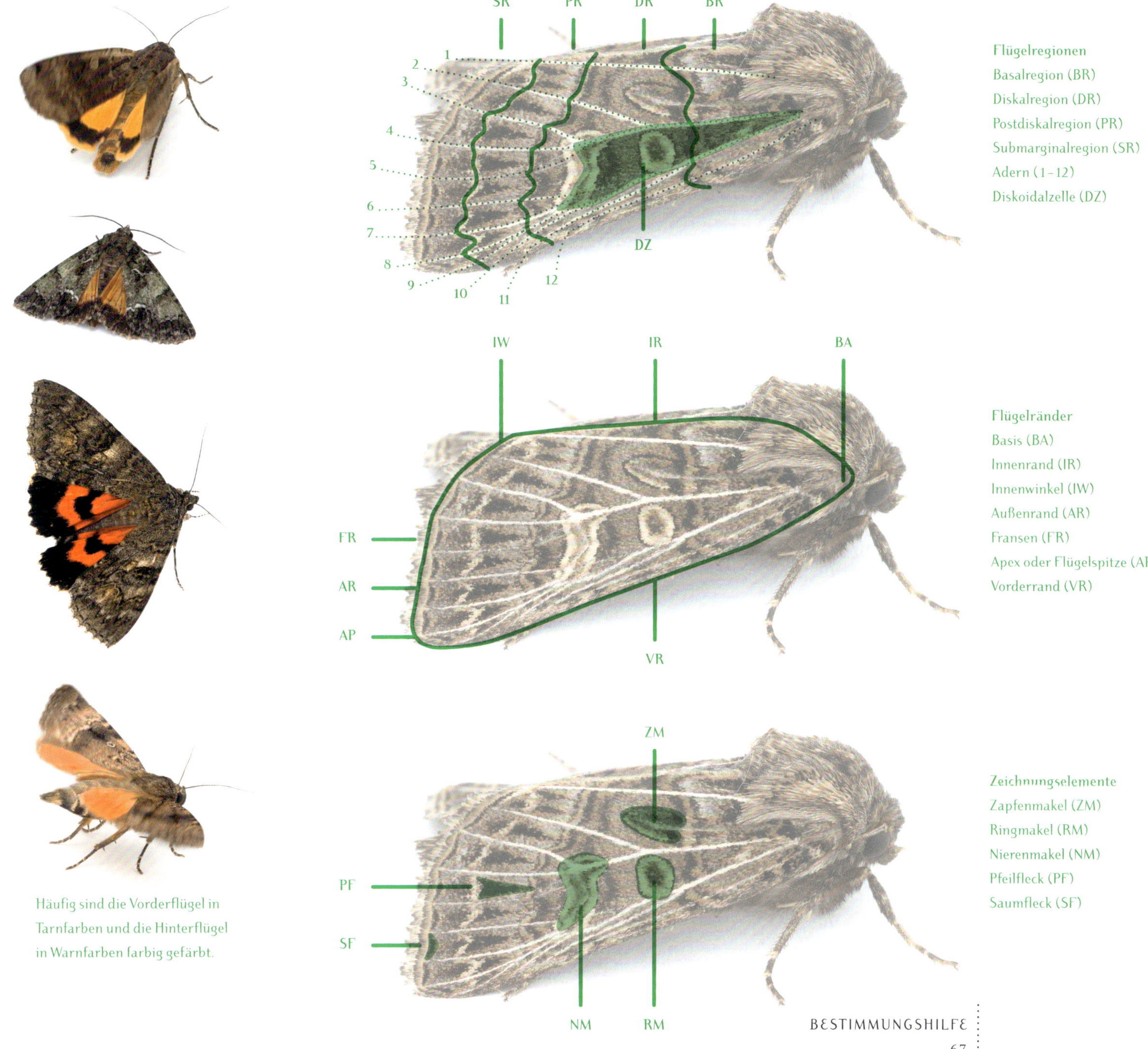

Häufig sind die Vorderflügel in Tarnfarben und die Hinterflügel in Warnfarben farbig gefärbt.

Nachtfalter im Garten

Diese Bestimmungstabelle zeigt 236 Nachtfalterarten sortiert nach Familien, die der Autor in seinem Garten in Radolfzell/Markelfingen innerhalb von drei Jahren an einer künstlichen Lichtquelle beobachtet hat. Die Auswahl ist so zusammengestellt, dass die Arten nach ihrem Aussehen bestimmt werden können.
Für die Bestimmung lohnt es sich, zuerst die ca.-Größe, dann die Grundfärbung und dann die Zeichnungselemente anzuschauen und zu vergleichen.

Wurzelbohrer (Hepialidae)

Ampfer-Wurzelbohrer
Triodia sylvina
29. April

Kleiner Hopfen-Wurzelbohrer
Pharmacis lupulina
24. April

Glucken (Lasiocampidae)

Kleine Pappelglucke
Poecilocampa populi
03. November

Ringelspinner
Malacosoma neustria
07. Juni

Brombeerspinner
Macrothylacia rubi
07. Juni

Kiefernspinner
Dendrolimus pini
31. Mai

21. Mai

Grasglucke, Trinkerin
Euthrix potatoria
24. Juni

23. Juli

Schwärmer (Sphingidae)

Unterfamilie Smerinthinae

Lindenschwärmer
Mimas tiliae
01. Mai

Abendpfauenauge
Smerinthus ocellata
02. Juli

Pappelschwärmer
Laothoe populi
28. April

Unterfamilie Macroglossinae

Windenschwärmer
Agrius convolvuli
09. August

Originalgrößen

Schneckenspinner (Limacodidae)

Großer Schneckenspinner

Apoda limacodes

02. Juli 24. Juni

Holzbohrer (Cossidae)

Unterfamilie Cossinae

Weidenbohrer

Cossus cossus

01. Juni

Unterfamilie Zeuzerinae

Blausieb

Zeuzera pyrina

26. Juni

Rohrbohrer

Phragmataecia castaneae

24. Mai

Kupferglucke

Gastropacha quercifolia

24. Juni

Pfauenspinner (Saturniidae)

Nagelfleck

Aglia tau

24. April

Kleines Nachtpfauenauge

Saturnia pavonia

17. April 18. April

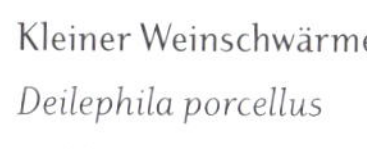

Unterfamilie Macroglossinae

Kiefernschwärmer

Sphinx pinastri

11. Juli

Skabiosenschwärmer

Hemaris tityus

20. Mai 2008, Totfund

Taubenschwänzchen

Macroglossum stellatarum

19. Juli

Labkrautschwärmer

Hyles gallii

01. August

Mittlerer Weinschwärmer

Deilephila elpenor

06. Juli

Kleiner Weinschwärmer

Deilephila porcellus

19. Mai

Sichelflügler (Drepanidae)

Unterfamilie Thyatirinae

Rosen-Eulenspinner
Thyatira batis
11. Mai

Achat-Eulenspinner
Habrosyne pyritoides
06. Juli

Augen-Eulenspinner
Tethea ocularis
31. Mai

Pappel-Eulenspinner
Tethea or
02. Mai
16. April

Zahnspinner (Notodontidae)

Unterfamilie Pygaerinae

Erpelschwanz-Rauhfußspinner
Clostera curtula
26. April

Kleiner Rauhfußspinner
Clostera pigra
12. Juli

28. April

Unterfamilie Notodontinae

Dromedar-Zahnspinner
Notodonta dromedarius
21. April

Espen-Zahnspinner
Notodonta tritophus
04. August

Zickzack-Zahnspinner
Notodonta ziczac
21. Mai

Dunkelgrauer Zahnspinner
Drymonia ruficornis
07. April

Ahorn-Zahnspinner
Ptilodon cucullina
02. August

Pappelauen-Zahnspinner
Gluphisia crenata
27. Juli

01. Mai

Großer Gabelschwanz
Cerura vinula
01. Mai

Buchen-Gabelschwanz
Furcula furcula
08. Mai

Originalgrößen

Unterfamilie Drepaninae

Zweipunkt-Sichelflügler
Watsonalla binaria
11. Mai

Buchen-Sichelflügler
Watsonalla cultraria
06. September

Heller Sichelflügler
Drepana falcataria
14. Juli

Linden-Sichelflügler
Sabra harpagula
11. Mai

Weißer Sichelflügler
Cilix glaucata
27. April

Schwarzeck-Zahnspinner
Drymonia obliterata
08. Juli

Weißbinden-Zahnspinner
Drymonia querna
29. Juni

Pappel-Zahnspinner
Pheosia tremula
10. April

Birken-Zahnspinner
Pheosia gnoma
10. April

Palpen-Zahnspinner
Pterostoma palpina
26. April

Kamel-Zahnspinner
Ptilodon capucina
02. August

02. Mai

Unterfamilie Phalerinae

Mondvogel
Phalera bucephala
05. Mai

Eichen-Zahnspinner
Peridea anceps
10. Mai

Unterfamilie Heterocampinae

Buchen-Zahnspinner
Stauropus fagi
21. April

Pergament-Zahnspinner
Harpyia milhauseri
27. April

Eulenfalter (Noctuidae)

Unterfamilie Herminiinae

Bogenlinien-Spannereule
Herminia grisealis
23. Mai

Unterfamilie Hypeninae

Nessel-Schnabeleule
Hypena proboscidalis
07. Juni

Hopfen-Zünslereule
Hypena rostralis
16. September

Unterfamilie Aventiinae

Sicheleule
Laspeyria flexula
01. Juni

Unterfamilie Calpinae

Zackeneule
Scoliopteryx libatrix
03. Oktober

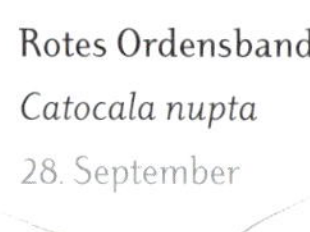

Unterfamilie Catocalinae

Rotes Ordensband
Catocala nupta
28. September

Dottergelbes Flechtenbärchen
Eilema sororcula
01. Juni

Unterfamilie Arctiinae

Zimtbär, Rostflügelbär
Phragmatobia fuliginosa
10. Mai

Gelber Fleckleibbär
Spilosoma lutea
03. Juni

Breitflügeliger Fleckleibbär
Spilosoma lubricipeda
01. Mai

06. Mai

Schmalflügeliger Fleckleibbär
Spilosoma urticae
06. Mai

Graubär
Diaphora mendica
26. April

16. Mai

Buchen-Streckfuß, Rotschwanz
Calliteara pudibunda
03. Mai

Schwarzes L
Arctornis l-nigrum
10. Juli

Unterfamilie Pantheinae

Klosterfrau
Panthea coenobita
15. Juli

Haseleule
Colocasia coryli
29. April

30. April

Unterfamilie Acronictinae

Liguster-Rindeneule
Craniophora ligustri
17. Juli

Erlen-Rindeneule
Acronicta alni
29. April

Originalgrößen

Unterfamilie Arctiinae

Weißes Ordensband
Catephia alchymista
16. Juni

Rosen-Flechtenbärchen
Miltochrista miniata
11. Juli

Rotkragen-Flechtenbärchen
Atolmis rubricollis
07. Juli

Nadelwald-Flechtenbärchen
Eilema depressa
10. Juli

10. Juli

Bleigraues Flechtenbärchen
Eilema griseola
15. Juli

Gelbleib-Flechtenbärchen
Eilema complana
30. Juni

24. Juli

Purpurbär
Rhyparia purpurata
19. Juni

Rotrandbär
Diacrisia sannio
22. Mai

04. August

Brauner Bär
Arctia caja
14. Juli

Schönbär
Callimorpha dominula
24. Juni

Spanische Fahne
Euplagia quadripunctaria
12. August

Unterfamilie Lymantriinae

Nonne
Lymantria monacha
14. August

Pfeileule
Acronicta cf. psi
10. Mai

Gruppe ähnlicher Arten

Ampfer-Rindeneule
Acronicta rumicis
03. August

Woll-Rindeneule
Acronicta leporina
15. Mai

Großkopf-Rindeneule
Acronicta megacephala
03. August

Unterfamilie Plusiinae

Silbergraue Nessel-Höckereule
Abrostola cf. tripartita
07. Juni

Schwalbenwurz-Höckereule
Abrostola cf. asclepiadis
31. Mai

Dunkelgraue Nessel-Höckereule
Abrostola cf. triplasia
25. Juli

Gruppe ähnlicher Arten

Schafgarben-Silbereule

Macdunnoughia confusa

11. Mai

Messingeule

Diachrysia chrysitis

11. Mai

Tutts Messingeule

Diachrysia stenochrysis

14. Mai

Gamma-Eule

Autographa gamma

01. November

Unterfamilie Eustrotiinae

Silbereulchen

Deltote bankiana

16. Juni

Unterfamilie Nolinae

Großer Kahnspinner

Bena bicolorana

29. Juni

Jägerhütchen

Pseudoips prasinana

19. Mai

27. Juli

30. April

Unterfamilie Bryophilinae

Dunkelgrüne Flechteneule

Cryphia algae

24. Juli

17. Juli

Hellgrüne Flechteneule

Nyctobrya muralis

01. August

Unterfamilie Xyleninae

Marmoriertes Gebüscheulchen

Elaphria venustula

03. Juni

Dreilinieneule

Charanyca trigrammica

24. Mai

05. Mai

Meldeneule

Trachea atriplicis

11. August

Bunte Ligustereule

Polyphaenis sericata

26. Juni

Bleich-Gelbeule

Xanthia icteritia

28. August

Schwarzgefleckte Herbsteule

Agrochola litura

08. September

Feldflur-Wintereule

Conistra rubiginosa

23. März

Gelbbraune Rindeneule

Lithophnae socia

29. März

Hellgraue Holzeule

Lithophane ornitopus

31. März

Schwertlilieneule

Helotropha leucostigma

07. Juli

Originalgrößen

Weiden-Kahneulchen

Earias clorana

08. Mai

Unterfamilie Cuculliinae

Schatten-Mönch

Cucullia umbratica

28. Juli

Gruppe sehr ähnlicher Arten

Königskerzen-Mönch

Cucullia cf. *verbasci*

28. Juli

Unterfamilie Amphipyrinae

Pyramideneule

Amphipyra cf. *pyramidea*

22. Juli

Gruppe sehr ähnlicher Arten.

Unterfamilie Heliothinae

Umbra-Sonneneule

Pyrrhia umbra

17. Juni

Baumwoll-Kapseleule

Helicoverpa armigera

05. September

Vielzahn-Johanniskrauteule

Actinotia polydon

25. Mai

Achateule

Phlogophora meticulosa

04. September

Berberitzeneule

Auchmis detersa

19. Juni

Rotbraune Ulmeneule

Cosmia affinis

10. Juni

Rotbuchen-Gelbeule

Tiliacea aurago

29. September

Violett-Gelbeule

Xanthia togata

18. September

Kletteneule

Gortyna flavago

22. September

Stengeleule

Amphipoea spec.

30. Juni

Rohrglanzgras-Schilfeule

Archanara neurica

26. Juli

Große Grasbüscheleule

Apamea monoglypha

10. Juni

Weißlichgelbe Grasbüscheleule

Apamea lithoxylaea

10. Juni

11. Juli

Rötlichgelbe Grasbüscheleule

Apamea sublustris

23. Mai

Unterfamilie Hadeninae

Schlangenlinien-Grasbüscheleule
Lateroligia ophiogramma
15. Juli

Halmeule
Mesapamea spec.
26. Juli 19. Juli

Buntes Halmeulchen
Oligia cf. versicolor
03. Juni

Graufeld-Kräutereule
Lacanobia w-latinum
10. Mai

Gemüseeule
Lacanobia oleracea
08. Mai

Flohkrauteule
Melanchra persicariae
19. Juni

Weißfleck-Graseule
Mythimna conigera
15. Juni

Bleiche Graseule
Mythimna pallens
03. August

Spitzflügel-Graseule
Mythimna straminea
23. Juni

Weißpunkt-Graseule
Mythimna albipuncta
30. Juli

21. Oktober

Kapuzen-Graseule
Mythimna ferrago
13. Juli

Weißes L
Mythimna l-album
15. Juni

Unterfamilie Noctuinae

Holzrindeneule
Egira conspicillaris
26. April

21. April

Ausrufungszeichen
Agrotis exclamationis
02. Mai

Ypsiloneule
Agrotis ipsilon
03. September

29. August

Hellrandige Erdeule
Ochropleura plecta
23. Juli

30. April

Putris-Erdeule
Axylia putris
09. August

Hausmutter
Noctua pronuba
15. Juni

Originalgrößen

Violettbraune Kapseleule
Sideridis rivularis
09. Mai

Kompasslattich-Eule
Hecatera dysodea
09. August

Weißbinden-Nelkeneule
Hadena compta
10. Juni

Dreizack-Graseule
Cerapteryx graminis
12. August

13. August

Weißgerippte Lolcheule
Tholera decimalis
06. September

Breitflügel-Graseule
Mythimna pudorina
24. Juni

Schilf-Graseule
Leucania obsoleta
22. Juni

Kieferneule, Forleule
Panolis flammea
03. April

10. April

Variable Kätzcheneule
Orthosia incerta
22. März

22. März

Rundflügel-Kätzcheneule
Orthosia cerasi
02. April

21. April

23. März

Gothica-Kätzcheneule
Orthosia gothica
24. März

Zweifleck-Kätzcheneule
Anorthoa munda
23. März

Bunte Bandeule
Noctua fimbriata
17. Juli

08. August

Breitflügelige Bandeule
Noctua comes
05. September

18. Juli

Janthina-Bandeule
Noctua cf. janthina
24. Juli

24. Juli

Schwarzes C
Xestia c-nigrum
03. Oktober

Braune Spätsommer-Bodeneule
Xestia xanthographa
08. September

Grüne Heidelbeereule
Anaplectoides prasina
31. Mai

Spanner (Geometridae)

Unterfamilie Ennominae

Stachelbeer-Harlekin
Abraxas grossulariata
05. Juli

Pfaffenhütchen-Harlekin
Ligdia adustata
01. Mai

01. Mai

Vogelschmeiß-Spanner
Lomaspilis marginata
15. Juni

Dunkelgrauer Eckflügelspanner
Macaria alternata
01. Juni

Violettgrauer Eckflügelspanner
Macaria liturata
10. Juni

Klee-Gitterspanner
Chiasmia clathrata
04. Mai

Zweistreifiger Mondfleckspanner
Selenia lunularia
30. April

Violettbrauner Mondfleckspanner
Selenia tetralunaria
28. März

18. April

Heller Schmuckspanner
Crocallis elinguaria
25. Juni

Schlehenspanner
Angerona prunaria
03. Juni

Schwarzfühler-Dickleibspanner
Lycia hirtaria
03. April

15. April

Pappel-Dickleibspanner
Biston strataria
24. März

Braunstirn-Weißspanner
Cabera exanthemata
01. August

Schattenbinden-Weißspanner
Lomographa temerata
01. Mai

Perlglanzspanner
Campaea margaritata
01. Juni

14. September

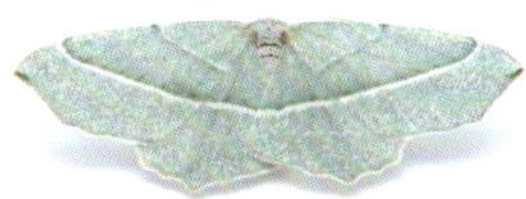

Zweibindiger Nadelwaldspanner
Hylaea fasciaria
12. September

Unterfamilie Geometrinae

Grünes Blatt
Geometra papilionaria
30. Juni

Gebüsch-Grünspanner
Hemithea aestivaria
21. Juni

Originalgrößen

Hobelspanner
Plagodis dolabraria
01. Mai

Gelbspanner
Opisthograptis luteolata
28. April

Weiden-Saumbandspanner
Epione repandaria
17. Juli

Pantherspanner
Pseudopanthera macularia
30. Mai

Eschen-Zackenrandspanner
Ennomos fuscantaria
18. August

Dreistreifiger Mondfleckspanner
Selenia dentaria
19. Juli
30. April
26. April

Birkenspanner
Biston betularia
08. Mai

Graugelber Breitflügelspanner
Agriopis marginaria
03. März

Großer Frostspanner
Erannis defoliaria
02. November

Abgebildet ist ein Männchen, die Weibchen sind flügellos.

Aschgrauer Rindenspanner
Hypomecis punctinalis
21. Mai

Heideland-Tagspanner
Ematurga atomaria
12. August
15. Juni

Kiefernspanner
Bupalus piniaria
16. Juni
15. Juni

Unterfamilie Sterrhinae

Waldreben-Grünspanner
Hemistola chrysoprasaria
02. August

Ahorn-Gürtelpuppenspanner
Cyclophora annularia
01. Mai

Gepunkteter Eichen-Gürtelpuppenspanner
Cyclophora punctaria
04. Mai

Rotbuchen-Gürtelpuppenspanner
Cyclophora linearia
20. Mai

Ampferspanner
Timandra comae
07. Juli

Marmorierter Kleinspanner
Scopula immorata
07. Juni

Schmuck-Kleinspanner
Scopula ornata
21. Mai

Vierpunkt-Kleinspanner
Scopula immutata
01. August

Breitgebänderter Staudenspanner
Idaea aversata
24. Juli 15. Juni

Garten-Blattspanner
Xanthorhoe fluctuata
01. Mai

Unterfamilie Larentiinae

Heller Rostfarben-Blattspanner
Xanthorhoe spadicearia
11. September

Dunkler Rostfarben-Blattspanner
Xanthorhoe ferrugata
23. April

30. April

30. April

Buschhalden-Blattspanner
Dysstroma cf. citrata
11. September

Möndchenflecken-Bindenspanner
Dysstroma truncata
03. September

Milchweißer Bindenspanner
Plemyria rubiginata
16. Juni

Herbst-Kiefern-Nadelholzspanner
Thera firmata
29. September

Zweibrütiger Kiefern-Nadelholzspanner
Thera cf. obeliscata
11. September

Prachtgrüner Bindenspanner
Colostygia pectinataria
07. September

Grüner Blattspanner
Chloroclystis v-ata
31. Mai

Sandheiden-Johanniskraut-spanner
Aplocera efformata
09. August

Gelbgestreifter Erlenspanner
Hydrelia flammeolaria
15. Juni

Gestrichelter Lappenspanner
Trichopteryx polycommata
25. März

Hellgrauer Lappenspanner
Trichopteryx carpinata
25. März

Zünsler (Crambidae)

Unterfamilie Pyraustinae

Purpurroter Zünsler
Pyrausta purpuralis
31. Juli

Originalgrößen

Rotbinden-Blattspanner
Catarhoe rubidata
10. Juli

Ockergelber Blattspanner
Camptogramma bilineata
07. Juni

Honiggelber Haarbüschelspanner
Eulithis mellinata
21. Mai

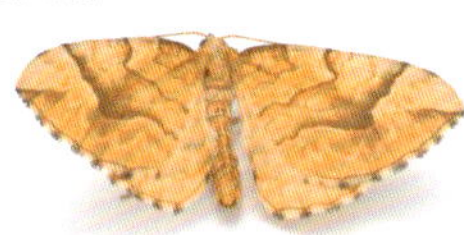

Labkraut-Bindenspanner
Lampropteryx suffumata
18. April

Gelbköpfiger Springkraut-Blattspanner
Ecliptopera capitata
21. Juni

Olivgrüner Bindenspanner
Chloroclysta siterata
02. Mai

Zweifarbiger Waldrebenspanner
Horisme vitalbata
29. Juli

Sturmvogel
Melanthia procellata
10. Juni

Kleiner Berberitzenspanner
Pareulype berberata
17. April

30. April

Olivbrauner Höhlenspanner
Triphosa dubitata
19. Juli

Großer Kreuzdornspanner
Philereme transversata
17. Juli

Hohlzahn-Kapselspanner
Perizoma alchemillata
07. Juli

Nascia cilialis
07. Juni

Holunderzünsler
Anania coronata
13. September

Brennnesselzünsler
Anania hortulata
11. Mai

Maiszünsler
Ostrinia nubilalis
31. Mai

Unterfamilie Spilomelinae

Nesselzünsler
Pleuroptya ruralis
29. Juli

Sackträger (Psychidae)

Siebolds Felsflur-Sackträger
Epichnopterix sieboldii
03. Juni

Grasglucke, Trinkerin
Männchen mit auffällig gekämmten Fühlern.

Leben der Nachtfalter

Grasglucke, Trinkerin
Weibchen mit befruchteten Eiern.

Metamorphose

Das Dasein als Falter ist nur ein Abschnitt im Lebenslauf eines Schmetterlings. Ei-Larve-Puppe-Imago lautet die Abfolge der vollständigen Verwandlung (Metamorphose), der jeder Schmetterling unterliegt. Der Falter stellt den erwachsenen Schmetterling, auch Imago genannt, dar. Mit der Paarung der Geschlechter (Kopulation) und der anschließenden Eiablage der Weibchen auf der Raupenfutterpflanze schließen die Falter den Lebenszyklus einer Schmetterlingsgeneration ab.

Die Puppe liegt geschützt in einem von der Raupe gefertigten Kokon. Eingesponnene Haare rufen Juckreiz nach Berührung hervor.

Erwachsene Raupe kurz vor der Verpuppung an der Futterpflanze der Raupe (Schilf).

Größen proportional

Vom Ei zum Falter

Das Männchen der Grasglucke findet in einer Nacht im Juli oder August ein Weibchen mit Hilfe seiner großen Antennen anhand der Lockdüfte, die das Weibchen abgibt. Nach der Kopulation legt das Weibchen seine grün-weißen Eier an Süß- oder Sauergräsern ab. Die bunten, stark behaarten Raupen fressen an den Gräsern und überwintern im III. Larvenstadium an ihnen. Im Frühjahr vollenden sie ihre Entwicklung und verpuppen sich im Mai im Kokon.

Leerer Kokon mit Puppenhülle
Der Falter ist aus der reusenförmigen Öffnung rechts geschlüpft. Im Kokon befinden sich noch die Raupenhaut und die letzten Kotballen. Die Puppe ist an Sollbruchstellen geöffnet.

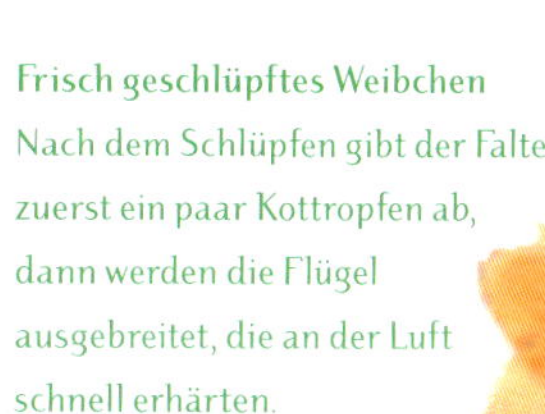

Frisch geschlüpftes Weibchen
Nach dem Schlüpfen gibt der Falter zuerst ein paar Kottropfen ab, dann werden die Flügel ausgebreitet, die an der Luft schnell erhärten.

Kleines Nachtpfauenauge
Die Raupen zeigen im Laufe ihrer Entwicklung verschiedene Färbungen.

Raupenhaut nach der Häutung. (vergr.)

Aus der Haut fahren

Die Larven der Schmetterlinge wurden wahrscheinlich wegen ihrer kriechenden Lebensweise Raupen genannt. Sie stellen das Wachstumsstadium der Schmetterlinge dar. Bei einigen Arten wie dem Nachtpfauenauge fressen sogar nur die Raupen, die Falter nehmen keine Nahrung mehr zu sich. Wegen der unflexiblen Außenhülle aus Chitin müssen sich die Raupen drei- bis viermal häuten, um sich in der zunächst noch weichen neuen Haut ausdehnen zu können. Zum Schluss ihrer Entwicklung stellen die Raupen das Fressen ein und häuten sich zur Puppe.

Originalgrößen

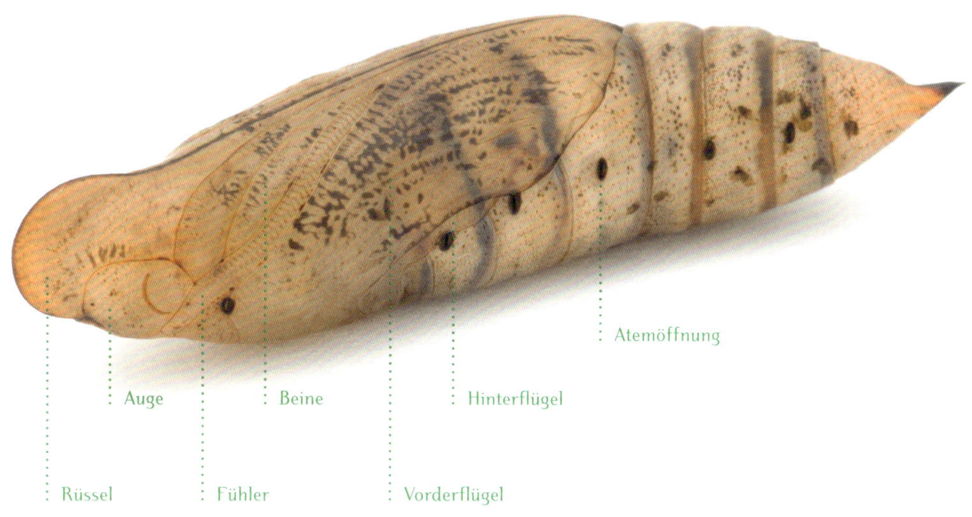

Puppe des Taubenschwänzchen (vergr.)
Die Puppe lässt bereits die Flügel, Augen, Fühler und den Saugrüssel erkennen. Gut zu sehen sind die dunklen Atemöffnungen (Stigmen) an den Seiten der Hinterleibssegmente.

Kokons des Kleinen Nachtpfauenauges
Sie werden von der Raupe gesponnen. Im Innern findet die letzte Häutung der Raupe zur Puppe statt.

Verpackungsdesign Puppe

Die Puppen der meisten Nachtschmetterlinge liegen in einem Gespinst aus Seidenfäden, dem Puppenkokon. Die äußere Ruhe einer Puppe täuscht: In ihrem Innern finden in wenigen Wochen die phantastischen Umbauten statt, die aus einer wurmförmigen Raupe mit kauenden Mundwerkzeugen einen Flugakrobaten mit Saugrüssel werden lassen. Manche Nachtfalterarten überwintern als Raupe ohne Nahrungsaufnahme oder als Puppe, teilweise mehrmals, oft im Boden oder im Kokon mit Ästen und Laubwerk versponnen.

Putzdorn am Schienbein eines Kleinen Weinschwärmers.

Körperpflege

Am Schienbein der Vorderbeine sitzt ein stark behaarter Putzdorn, mit dem insbesondere die Mundwerkzeuge, Fühler und Augen gesäubert werden. Bei manchen Eulen sind die Vorderbeine ähnlich wie bei vielen Tagfaltern sogar zu verkürzten, krallenlosen Putzbeinen umgestaltet. Grundsätzlich wird der linke Fühler mit dem linken Vorderbein, der rechte Fühler mit dem Putzdorn am rechten Vorderbein gereinigt. Dabei wird der Fühler durch eine Kopfbewegung zwischen Schienbein und Putzdorn eingehängt und wieder herausgezogen und dabei abgestreift. Oft wird zeitgleich der Rüssel ein- und ausgefahren und danach in Ruhelage gebracht. Zur Reinigung der Facettenaugen werden besonders dichte und lange Haarbüschel am Schienbein genutzt.

Größen proportional

Gammaeule

Lindenschwärmer

Wolfsmilchschwärmer beim Abbürsten seines Facettenauges.

Achateule

Hausmutter

Erpelschwanz-Rauhfußspinner

Vielzahn-Johanniseule

Fliegertypen

Die Leistungsfähigkeit der Flugmuskeln und die Flügelform bestimmen den Flug der Falter. Vorder- und Hinterflügel sind unterschiedlich groß und durch Borsten, Haare oder Falten zu einer Funktionseinheit verbunden. Arten mit breiten, runden Flügeln sind im typischen Flatterflug unterwegs. Viele Eulen zeichnen sich durch einen ruhigen, stetigen Flug aus. Die Männchen des Kleinen Nachtpfauenauges fliegen am Tag in schnellem hektischen Flug dicht über der Vegetation, von der Duftspur der nachtaktiven Weibchen angelockt. Die Weibchen der Frostspanner sind gar flügellos und kaum als Schmetterling erkennbar.

Rotrandbär

Abendpfauenauge

Pergament-Zahnspinner

Größen proportional

Mittlerer Weinschwärmer

Flugmuskeln

Die Flügel der Nachtfalter werden durch indirekte Flugmuskulatur angetrieben. Dies bedeutet, dass die verantwortlichen Muskeln nicht direkt an der Flügelbasis ansetzen, sondern dass sie durch ihre Kontraktionen die Skelettelemente des Brustabschnitts verformen und so die Muskelkraft auf die Flügel übertragen. Längsmuskeln in der Brust wölben bei der Kontraktion das chitinöse Skelett nach außen und sorgen für den Flügelabschlag. Ihre Gegenspieler verlaufen von oben nach unten durch die Brust und ziehen das Brustskelett senkrecht zusammen. Dadurch heben sich die Flügelpaare wieder. Der Flug beginnt, sobald die Falter sich mit den Beinen vom Untergrund abstoßen. Mit dem Flügelschlag wärmen sich die Falter quasi auch auf oder setzen ihn zur Verteidigung ein.

Kompasslattich-Eule

Kleines Nachtpfauenauge

Kleiner Weinschwärmer

Wanderfalter
Taubenschwänzchen durchwandern Mitteleuropa nordwärts bis nach Skandinavien.

Schwirren und Schwärmen

Die schlanken Flügel der Schwärmer (Sphingidae) erlauben hohe Schlagfrequenzen und große Geschwindigkeiten. Arten wie Wein- oder Windenschwärmer „stehen“ beim Blütenbesuch regelrecht in der Luft und führen den Rüssel in die Blüte ein, um Nektar zu saugen, der sie mit der nötigen Energie für ihren Schwirrflug versorgt. Das tagaktive Taubenschwänzchen schafft es auf diese Weise, in wenigen Tagen viele Hunderte Kilometer vom Mittelmeergebiet nach Norden zu wandern. Auch die tag- und nachtaktive Gammaeule wandert regelmäßig von Südeuropa ein und „tankt“ im Schwirrflug neue Energie an Blüten.

Gammaeule
02. Juli 2012

Einwanderer
Windenschwärmer wandern im Spätsommer bei uns ein. Ihre Raupen entwickeln sich an Winden, die Puppen können die kalten Winter am Bodensee aber nicht überstehen.

Größen proportional

Gammaeule
04. August 2012,
frisch geschlüpftes Tier

Gammaeule
04. August 2012,
abgeflogenes Tier

Gammaeule
07. September 2012

Gammaeule
19. Oktober 2012

Verbreitungsareal erweitern

Die Gammaeule wandert zwar als Falter aus Südeuropa jährlich neu ein, sie legt aber auf ihren Wanderflügen auch Eier ab und bildet Teilpopulationen dort aus, wo die Lebensbedingungen zur Entwicklung vom Ei zum Falter geeignet sind. Die frisch geschlüpften Tiere wandern ebenfalls ab. Dadurch treffen einwandernde Exemplare auf Exemplare, die sich lokal entwickelt haben. Dies erklärt, warum man sehr abgeflogene Individuen zeitgleich mit neu geschlüpften Tieren beobachten kann. Für den Falter besteht so die Möglichkeit, das Verbreitungsgebiet seiner Art langfristig zu erweitern.

Gammaeule
01. August 2012

Rotrandbär, Männchen

Rotrandbär, Weibchen

Wandern für ein Rendezvous

Nachtschmetterlinge suchen im Dunkeln ihre Partner und paaren sich unmittelbar nach einem Aufeinandertreffen. Während die Weibchen an Futterpflanzen der Raupen Eier ablegen, sorgen sich die Männchen nicht um die Nachkommenschaft. Für Falter mit Mundwerkzeugen, langen Wanderrouten oder längerer Lebenszeit ist die Nacht auch die Zeit der Nahrungssuche und -aufnahme. Bei Einbruch der Morgendämmerung suchen sich die „Nachtvögel" geeignete Verstecke. Wie weit die Falter nachts umherfliegen, ist nicht erforscht.

Flugzeiten des Kleinen Weinschwärmers
Der Kleine Weinschwärmer erscheint meist vor Mitternacht am Licht, 1 bis 4 Stunden nach Sonnenuntergang.
Vollmond im Mai: 06.05.2012
Vollmond im August: 02.08.2012

08. Mai 2012, 22.15 Uhr
Sonnenuntergang 20:49 Uhr
abnehmende Mondphase
Am Licht nach 86 Minuten.

02. Mai 2012, 22.30 Uhr
Sonnenuntergang 20:39 Uhr
zunehmende Mondphase
Am Licht nach 111 Minuten.

23. Mai 2012, 23:13 Uhr
Sonnenuntergang 21:08 Uhr
zunehmende Mondphase
Am Licht nach 125 Minuten.

20. Mai 2012, 0.32 Uhr
Sonnenuntergang 21:05 Uhr
Neumond
Am Licht nach 207 Minuten.

Flugzeiten anderer Nachtfalterarten
Anflugzeit nach Sonnenuntergang am Licht.

Großer Gabelschwanz
15. April 2012, 22:23 Uhr
Sonnenuntergang 20:23 Uhr
Am Licht nach 120 Minuten.

Buchen-Gabelschwanz
23. Mai 2012, 23:45 Uhr
Sonnenuntergang 21:17 Uhr
Am Licht nach 148 Minuten.

Mondfleckspanner
28. März 2012, 23:18 Uhr
Sonnenuntergang 19:55 Uhr
Am Licht nach 203 Minuten.

Klosterfrau
26. Juli 2012, 00:43 Uhr
Sonnenuntergang 21:19 Uhr
Am Licht nach 204 Minuten.

Erpelschwanz
25. Mai 2012, 01:10 Uhr
Sonnenuntergang 21.18 Uhr
Am Licht nach 232 Minuten.

Schwarzfühler-Dickleibspanner
04. April 2012, 00:26 Uhr
Sonnenuntergang 20:06 Uhr
Am Licht nach 260 Minuten.

Mondfleck
20. Mai 2012, 01:41 Uhr
Sonnenuntergang 21:04 Uhr
Am Licht nach 277 Minuten.

Frühschicht und Spätschicht

Die meisten Nachtfalter erscheinen erst bei völliger Dunkelheit und lange nach Sonnenuntergang am UV-Licht. Weinschwärmer sind schon etwa eineinhalb Stunden nach Sonnenuntergang zu beobachten. Dagegen fliegen viele Arten erst um Mitternacht. Pappelschwärmer und Buchenstreckfuß kommen erst deutlich nach Mitternacht – also rund fünf Stunden nach dem Sonnenuntergang im Mai – angeflogen.

Fliegen oder nicht fliegen?

Die Flugaktivität der Nachtfalter hängt neben dem Sonnenuntergang und der damit eintretenden Dunkelheit und der Mondphase von vielen weiteren Faktoren ab. Böiger Wind schränkt die Flugzeiten ein, leichter Regen und starke Bewölkung fördern die Flugaktivität. Warme und feuchte, stark bewölkte Nächte zusammen mit Neumond sind besonders ergiebige Nachtfalternächte. Generell erscheinen mehr Männchen am Licht als Weibchen.

Größen proportional

22. Mai 2012, 0:49 Uhr
Sonnenuntergang 21:07 Uhr
zunehmende Mondphase
Am Licht nach 222 Minuten.

31. Juli 2012, 0:48 Uhr
Sonnenuntergang 21:02 Uhr
zunehmende Mondphase
Am Licht nach 226 Minuten.

02. Mai 2012, 0.31 Uhr
Sonnenuntergang 20:39 Uhr
zunehmende Mondphase
Am Licht nach 232 Minuten.

Lindenschwärmer
29. April 2012, 00:03 Uhr
Sonnenuntergang 20:36 Uhr
Am Licht nach 207 Minuten.

Messingeule
21. Mai 2012, 00:39 Uhr
Sonnenuntergang 21:06 Uhr
Am Licht nach 213 Minuten.

Brauner Bär
02. Mai 2012, 01:00 Uhr
Sonnenuntergang 20:39 Uhr
Am Licht nach 261 Minuten.

Pappelschwärmer
29. April 2012, 02:19 Uhr
Sonnenuntergang 20:30 Uhr
Am Licht nach 349 Minuten.

Buchenstreckfuß
29. April 2012, 02:41 Uhr
Sonnenuntergang 20:30 Uhr
Am Licht nach 371 Minuten.

Braune Moderholzeule
10. April 2013, 04:30 Uhr
Sonnenuntergang 20:23 Uhr
Am Licht nach 487 Minuten.

Überfüllter Luftraum

Nachtfalter beleben nicht alleine den Nachthimmel. Sie müssen den Luftraum mit einer Vielzahl anderer Insekten teilen. Darunter sind Nahrungskonkurrenten um Blütennektar, aber auch Falterjäger. Viele Insekten fliegen schon in der Dämmerung, einige nur wenige Stunden lang und manche die ganze Nacht hindurch. Es kommen auch Massenflüge von Rückenschwimmern, Mücken und Wasserkäfern vor, bei denen Tausende Exemplare gleichzeitig am Licht erscheinen.

Rotrandbär

Gitterspanner

Gammaeule

Spanische Fahne

Pantherspanner

Taubenschwänzchen

Kleines Nachtpfauenauge

Nagelfleck

Tagaktive Nachtfalter

Nachtfalter können auch am Tage fliegend angetroffen werden. Nicht immer handelt es sich dabei um aus der Ruhe aufgeschreckte Tiere, sondern es gibt auch echte tagaktive Nachtfalter. Einige dieser Arten wie der Pantherspanner können es in puncto Farbigkeit gut mit Tagfaltern aufnehmen. Bei Rotrandbär, Nagelfleck und Kleinem Nachtpfauenauge sind es überwiegend die Männchen, die am Tage umherfliegen auf der Suche nach einem ruhenden Weibchen. Auch zwei der bekanntesten Wanderfalter sind tagaktive Nachtfalter, die Gammaeule und das Taubenschwänzchen. Letzteres gehört zu den Schwärmern und wird wegen seines Schwirrfluges bei flüchtigem Hinsehen immer wieder mal für einen Kolibri gehalten.

Größen proportional

Honigbiene

Waldvogel

Schwebfliege

Rosenkäfer

Tagpfauenauge

Kleines Nachtpfauenauge

Tagaktive Blütenbesucher

Beim Blütenbesuch treffen die tagaktiven Nachtfalter auf zahlreiche andere Insekten, die ebenfalls am Tage Nektar suchen und gegen die sie sich behaupten müssen: Bienen, Schwebfliegen, Tagfalter und Käfer. Außerdem lauern Fressfeinde wie Spinnen und Vögel an den Blüten oder im Flug auf Beute. Solchen Gefahren entzieht sich das Taubenschwänzchen durch seinen schnellen Schwirrflug und seinen langen Rüssel, mit dem es in der Luft, vor der Blüte „stehend", Nektar saugen kann. Die prächtige Spanische Fahne hingegen warnt beim Besuch von Wasserdost, Disteln oder Skabiosen mit ihren auffälligen Farben hungrige Vögel vor übel schmeckenden Sekreten, die sie abgeben kann.

Leben ohne Nahrung

Das Kleine Nachtpfauenauge, unten das Weibchen, nimmt als erwachsenes Tier – als Falter – keine Nahrung zu sich. Es lebt nur ca. eine Woche, einzig mit dem Ziel sich fortzupflanzen. Die Weibchen sitzen tagsüber reglos in der Vegetation und geben Duftstoffe (Pheromone) ab, mit denen sie Männchen anlocken. Hat ein Männchen das Weibchen geortet und gefunden, findet die Paarung statt. Das Weibchen legt bis zu 80 Eier an eine Raupennahrungspflanze, zum Beispiel Schlehe oder Himbeere, ab. Die Energie für die wenigen Lebenstage, für die Paarung, die Eiproduktion und das Eierlegen stammt noch aus der Lebenszeit als Raupe vor der Umwandlung zum Falter.

Kleiner Weinschwärmer

Gammaeule

Bleiche Graseule

Achateule

Bogenlinien-Spannereule

Zweipunkt-Sichelflügler

Trinkerin, Grasglucke

Rüsseltypen

Die Rüssel der Nachtfalter sind unterschiedlich gut ausgebildet. Man kann vier Ausbildungsqualitäten beschreiben: Weinschwärmer und Gammaeule haben voll ausgebildete, relativ lange Rüssel. Als Hochleistungsflieger oder Wanderfalter wie die Gammaeule nehmen sie viel Nahrung zu sich. Achateule und Bleiche Graseule haben mittellange Rüssel. Die Rüssel von Bogenlinien-Spannereule und Zweipunkt-Sichelflügler sind eingeschränkt funktionstüchtig. Die Grasglucke hat verkümmerte Mundwerkzeuge, das Kleine Nachtpfauenauge überhaupt keine.

Bleich-Gelbeule

Achateule

Hausmutter

Graue Spätsommer-Bodeneule

Grüne Heidelbeereule

Größen proportional

Messingeule

Pinseln mit dem Rüssel

Eine Messingeule saugt den Saft einer angegorenen Pflaume auf. Dabei bleibt sie vor dem Tröpfchen stehen und fährt ihren langen Rüssel so aus, dass er in etwa nach dem ersten Drittel einen leichten Knick vollzieht. Mehrfach rollt die Eule den Rüssel ein und aus und legt ihn zwischenzeitlich sogar neben der Nahrung ab. Leichte Kopfbewegungen schieben den Rüssel etwas hin und her. Am Schluss der Mahlzeit wird der Rüssel wieder ganz eng eingerollt und zwischen die Palpen verstaut. Die Fühler sind beim Fressen fast die ganze Zeit nach hinten gerichtet und liegen dem Körper eng an.

Der Windenschwärmer
saugt an Geißblatt.

Viele Eulenfalter wie Schatten-Mönch, Messingeule, Spanische Fahne und Rosen-Flechtenbärchen saugen an Sommerflieder (Buddleja).

Auf die Länge kommt es an

Da die Rüssel der Nachtfalter unterschiedlich lang und gut ausgebildet sind, können verschiedene Nahrungsquellen erschlossen werden. Windenschwärmer führen ihren extrem langen Rüssel punktgenau und tief in die Kelche von Geißblatt und Jasmin ein. Dabei stehen sie im Schwirrflug in der Luft vor der Blüte. Eulenfalter sitzen auf den Blütenrispen des Sommerflieders und laufen zum Nektarsaugen von Blüte zu Blüte. Manche Falter saugen auch an Früchten.

Bleich-Gelbeule und Hausmutter (rechts) saugen den Saft einer reifen Pflaume.

Größen proportional

Für wandernde Taubenschwänzchen bieten Gartenpflanzen wie Geranien Nahrung.

Lindenschwärmer und Kiefernschwärmer saugen mit ihren kurzen Rüsseln an Labkraut.

Die Zackeneule saugt an reifen Früchten.

Nektarpflanzen für Nachtfalter

Kuckucks-Lichtnelke
Karthäuser-, Garten-Nelke
Gewöhnliches Seifenkraut
Garten-Rittersporn
Brombeere und Himbeere
Mädesüß
Gartenrose
Roter Wiesen-Klee
Gewöhnlicher Hornklee
Gewöhnliche Geranie, Hängegeranie
Winter- und Sommerlinde
Gewöhnliche Nachtkerze
Fuchsie
Echter Jasmin
Liguster
Schwalbenwurz
Zaun- und Ackerwinde
Stauden-Phlox
Vergissmeinnicht
Natternkopf
Wandelröschen
Kriechender Günsel
Lavendel
Wiesen-Salbei
Gewöhnlicher Dost
Thymian
Majoran
Sommerflieder (Buddleja)
Schwarzer Holunder
Wald-Geißblatt
Jelängerjelieber
Arznei-Baldrian
Spornblume
Acker- und Wald-Witwenblume
Tauben-Skabiose
Wasserdost
Schafgarbe
Rainfarn
Wiesen-, Skabiosen-Flockenblume

Zweifleck-Kätzcheneule mit Pollen an den Fühlern.

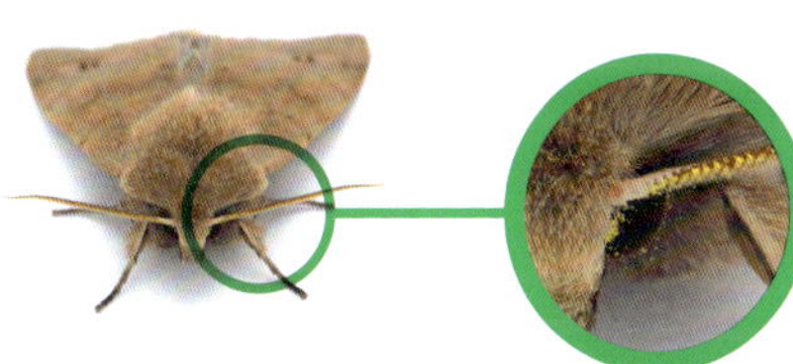

Bestäuber

Durch ihre Blütenbesuche haben Nachtfalter auch eine wichtige Rolle als Bestäuber von Garten-, Kultur- und Wildpflanzen. Da sie, wie die Zweifleck-Kätzcheneule, bereits früh im Jahr auf Nahrungssuche sind, liegt ihre Flugzeit oft schon vor der der Bienen. Auch ihre nächtliche Aktivität liegt außerhalb der Flugaktivität von Bienen.

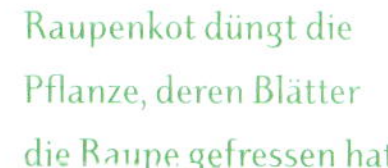

Raupenkot düngt die Pflanze, deren Blätter die Raupe gefressen hat.

Großer Blaupfeil

Diese Klosterfrau entkam einer Fledermausattacke. Ihr rechter Vorderflügel ist innen halbrund in Kiefergröße abgebissen, die Brustbehaarung oben vom Kampf abgescheuert. Der Falter fiel dem Autor nachts vor die Füße. (vergr.)

Attacken in der Luft und am Boden

Nachtfalter haben viele Fressfeinde, die tags und nachts auf der Jagd nach ihnen sind. Am Tag fliegende Nachtfalter werden unter anderem von Libellen und Raubfliegen erbeutet. Die Raupen dienen den Larven der Schlupfwespen und Schmarotzerfliegen als Nahrung. Blau- und Kohlmeisen suchen Bäume und Sträucher systematisch nach getarnt ruhenden Nachtfaltern und Raupen ab. Auch Verstecke am Boden sind für Nachtfalter nicht sicher: dort suchen Igel, Spitzmäuse und Gliedertiere wie zum Beispiel Weberknechte nach den Faltern.

Schlupfwespe

Raubfliege

Eine Gothica-Kätzcheneule wurde von einem Weberknecht erbeutet.

Verteidigung: Show, Kampf oder Flucht

Das Leben ist gefährlich, denn überall lauern Fressfeinde auf Beute. Falter und ihre Raupen haben weder einen dicken Panzer wie Käfer oder Krebse, noch können sie sich mit Klauen und Zähnen wehren. Sie müssen sich anderer Mittel bedienen, um bis zur Fortpflanzung am Leben zu bleiben. Die Verteidigungsstrategien sind unterschiedlich energieaufwendig und riskant für Leib und Leben: Verharren, sich unsichtbar machen, sich tot stellen, Gefahr vortäuschen oder wirklich giftig sein, erschrecken, fliehen oder doch kämpfen?

Diese Kupferglucke bietet einer Milbe Lebensraum und Nahrungsrevier. Die Milbe hat sich soeben gehäutet.

Diese Gammaeule hat nur noch zwei von sechs Beinen. Die abgeflogenen Flügel beweisen, dass sie schon viele Flugstunden überlebt hat. Auch die Fühlerenden fehlen und sind vermutlich abgerissen worden. (vergr.)

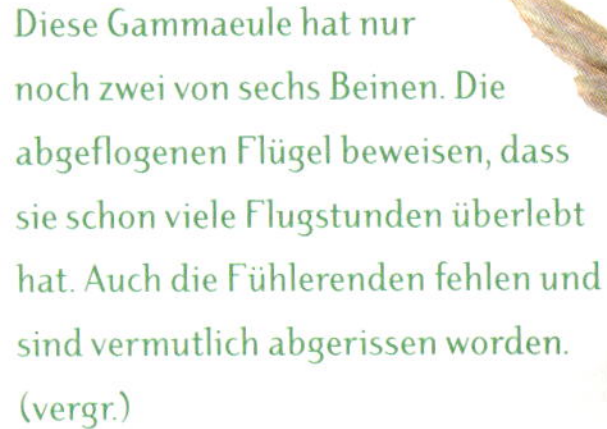

Größen proportional

Ein Kleiner Weinschwärmer wurde die Beute einer Kreuzspinne. (vergr.)

Gefangen im Netz

Sehr erfolgreiche Schmetterlingsjäger sind Spinnen, die mit ihren Netzen tödliche Fallen stellen. Vor allem um Lichtquellen gibt es viele Netze – als ob die Spinnen wüssten, dass Nachtfalter von Licht angezogen werden. Ist der Falter einmal im Netz verfangen, hat er kaum noch Chancen zu entkommen. Mit seinen Flügelschlägen verfängt er sich in den stabilen und klebenden Spinnfäden immer mehr. Mit einem Giftbiss tötet die Spinne ihr Opfer. Das verwendete Gift dient zugleich der Verflüssigung des Körperinneren der Beute, das anschließend über die Mundöffnung eingesaugt wird. Ein Blick in die Spinnennetze im Garten erzählt die nächtlichen Dramen und verrät, welche Nachtfalter zu Besuch waren.

Eine Kreuzspinne frisst das Innere einer Scharfgarben-Silbereule. (vergr.)

Silberspinnerchen und Pfaffenhütchen-Harlekin (unten) verstecken sich, indem sie Vogelkot imitieren.

Hier sind diese Arten versteckt (v. l.):
Bleich-Gelbeule, Hobelspanner, Jägerhütchen, Mondvogel, Messingeule, Achat-Eulenspinner, Umbra-Sonneneule

Größen proportional

Tarnen und Täuschen

Tarnung in Verbindung mit Bewegungslosigkeit ist die beste Methode, um nicht aufzufallen. Diese Strategie verfolgt die Mehrzahl der Nachtfalter und ihrer Raupen für die gefährliche Zeit des hellen Tages. Eine gute Tarnung kann bereits durch die Farbgebung und -verteilung erreicht werden, wenn sich die Köperumrisse dadurch in der gewählten Umgebung optisch auflösen. Perfekte Ergebnisse erzielen die Falter, wenn sie in Farbe, Muster und Form Teilen der Umgebung gleichen (Mimese), einem Stück Holz, einem toten Blatt, Flechten oder Vogelkot. Auch sich tot stellen kann das Leben retten.

Hier sind diese Arten versteckt (v. l.):
Dreistreifiger Mondfleckspanner, Ockergelber Blattspanner, Gelbspanner, Rotbuchen-Gelbeule, Gestreifter Erlen-Spanner, Zweistreifiger Mondfleckspanner

Hier sind diese Arten versteckt (v. l.):
Ordensband, Zackeneule, Kiefernspinner, Kupferglucke, Heller Sichelflügler, Pappelschwärmer, Grasglucke/Trinkerin

Größen proportional

Hier sind diese Arten versteckt (v. l.):
Großer Kreuzdorn-Spanner, Kupferglucke, Achateule,
Palpen-Zahnspinner, Graue Felsflur-Staubeule, Kamel-Zahnspinner, Sicheleule

Hier sind diese Arten versteckt (v. l.):
Rosen-Eulenspinner, Gelbbraune Rindeneule, Dunkelgrüne Flechteneule, Mondvogel, Kupferglucke (Raupe), Eichen-Zahnspinner, Hellgrüne Flechteneule , Pergament-Zahnspinner

Größen proportional

Hier sind diese Arten versteckt (v. l.):
Holzrindeneule, Braune Moderholzeule, Schatten-Mönch, Mondvogel, Windenschwärmer, Dunkelgrauer Zahnspinner, Zickzack-Zahnspinner

Brauner Bär
Bärenspinner stören mit hochfrequenten Zirpgeräuschen die Echoortung der Fledermäuse.

Kleines Nachtpfauenauge

Abendpfauenauge

Rotrandbär

Ordensband

Die Spanische Flagge kann bei Gefahr Abwehrsekrete abgeben.

Größen proportional

Brauner Bär

Wehrhafte Raupen

Die Raupen vieler Nachfalter wehren sich erfolgreich mit Hautdornen, giftigen oder langen Haaren gegen das Gefressenwerden. Manche Raupen sind durch Gifte aus ihren Nahrungspflanzen ungenießbar, die Gabelschwanzraupe kann sogar Ameisensäure verspritzen. Die Haare der Trinkerin-Raupe, die zuletzt mit dem Kokon versponnen werden, lösen beim Menschen tagelang Juckreiz auf der Haut aus.

Mittlerer Weinschwärmer
Die Raupen der Weinschwärmer haben Augenflecke, mit denen sie Angreifer abschrecken. Zusätzlich bewegen sie bei Berührung den Körper ruckartig hin und her.

Skabiosenschwärmer ähneln wehrhaften Hummeln in Aussehen und Verhalten. Oft bleibt ihr Vorkommen vom Menschen unentdeckt.

Kokon der Grasglucke

Gelbe Tigermotte

Täuschen und Erschrecken

Manchmal nützt die beste Tarnung nichts. Gut, wenn ein Falter dann eine zweite Strategie gegen Feinde zur Verfügung hat. So öffnen viele Nachtfalter bei Gefahr plötzlich die tarnfarbenen Vorderflügel und präsentieren ihre auffallend und kontrastreichen – häufig hell rot – gefärbten Hinterflügel und Hinterleiber. Diese Warnfärbung schreckt viele Angreifer ab, zumal manche dieser Falter schlecht schmecken. Den gleichen Zweck erfüllt das plötzliche Präsentieren von so genannten Augenflecken bei Faltern und der Raupe des Mittleren Weinschwärmers. Am weitesten gehen Schmetterlinge wie Skabiosen- und Hummelschwärmer, die wehrhafte Hummeln nachahmen (Mimikry).

Hornisse

Mondvogel
Zur Abschreckung schlägt er rhythmisch seine Flügel und zeigt seine kontrastreichen Flecken.

Buchen-Streckfuß
(var. *concolor*)
Er macht sich groß, streckt sich und stellt sich auf.

Zimtbär, Rostflügelbär
Mit wilden Bewegungen zeigt er seine Warnfarben.

Größen proportional

Der Brombeerspinner zieht seine Beine bei Bedrohung an und stellt sich tot.

Das Blausieb krümmt sich und entleert den Darm.

Die Janthina-Bandeule flieht ein paar Schritte laufend, um dann blitzartig aufzufliegen.

Wehrhafte Falter

Wenn alle Tarn- und Täuschungsmanöver nicht helfen, bleibt die schnelle Flucht. Dabei lassen sich manche Raupen und Falter blitzschnell zur Erde fallen oder stellen sich tot oder laufen mit kurzen Sprints dem Angreifer davon. In letzter Not gehen die Falter in einen Verteidigungskampf über. Mit wildem Gebaren, rhythmischen Flügel- oder Beinschlägen versuchen sie, ihr Leben zu retten.

Pappelschwärmer und Kamel-Zahnspinner stellen sich ihrem Gegner, indem sie sich aufrichten und mit den Beinen schlagen.

Auftreten im Garten

Jede Nachtfalterart hat im Jahreslauf ihre bestimmte Flugsaison. Nachfolgend sind einige Arten und ihr erstes Erscheinen im Garten des Autors zusammengestellt. Von Jahr zu Jahr variieren die Flugphasen: je nach Wetterlage, Mondphasen oder Blühzeitpunkten der Pflanzen. Mit Zunahme der wärmeren Nächte im Jahr erscheinen immer mehr Arten und Exemplare im Garten, auch die Farbigkeit der Falter nimmt zu.

Spanner | überwinternde Eulen | Zahnspinner und Augenspinner

Anfang März | Ende April

Größen proportional

05. Mai
22. Mai
24. Juni
01. Mai
27. April
15. Juni
31. Mai
11. Mai
26. April
17. Mai
01. Juni
02. Mai
28. April
24. Juni
10. Mai
26. April
03. Juni
29. April
17. Mai
21. Juni
27. April
30. Mai
11. Mai
01. Mai
Nagelfleck
24. April
30. April
Lindenschwärmer
01. Mai
Kupferglucke
24. Juni
03. Juni
30. April
17. Mai
Eulen, Spanner, Sichelflügler, Gabelschwänze
Schwärmer
Glucken
Anfang Mai
Ende Juni

Größen proportional

Das Nachtfalterjahr

Gegen Ende des Jahres nimmt die Anzahl der flugaktiven Falter wieder stark ab. Viele Arten befinden sich als Eier, Raupen oder Puppen in der Entwicklungsphase, in der sie eisige Wintermonate überleben können. Manche Falterarten, wie zum Beispiel die Zackeneule, überwintern in Höhlen oder Kellern als Imago. Meist erst nach den ersten stärkeren Nachtfrösten und bis in den Dezember hinein fliegt die Kleine Pappelglucke.

Kiefernschwärmer
08. Juli

11. Juli

14. Juli

07. August

Messingeule
11. Mai

05. August

Tutts Messingeule
14. Mai

Gattung Abrostola (Höckereulen)
Gruppe sehr ähnlicher Arten

Farbvariationen
des Lindenschwärmers

Sammeln und Beschreiben

Nach wissenschaftlichen Kriterien aufgebaute und gepflegte Sammlungen dienen zusammen mit Datenbanken als biologisches Archiv der Dokumentation des Auftretens der Arten in Zeit und Raum. Sie zeigen die Variationsbreite von äußeren Merkmalen einer Art in Abhängigkeit von Geschlecht, jahreszeitlichem Erscheinen und geographischer Verbreitung, dienen als Referenzen für schwierig zu bestimmende Arten (z.B. Gattung Abrostola) und liefern Belege für Artuntersuchungen, an deren Ende manchmal bislang nicht erkannte „neue" Arten beschrieben werden. Eine schöne Schausammlung soll die individuelle Schönheit der Tiere aufzeigen und den Betrachter für die Tiere interessieren und ihn über sie informieren, damit er selber im Alltag Verantwortung für den Erhalt der biologischen Vielfalt übernehmen kann.

Größen proportional

09. April

24. April

24. April

31. Mai

Arten brauchen Schutz

Außer den Tagfaltern genießen inzwischen auch einige Nachtfalter nationalen rechtlichen Schutz, da ihre Bestände stark zurückgegangen sind oder ihr Fortbestand ernsthaft gefährdet ist. Die Spanische Fahne ist darüber hinaus nach der Fauna-Flora-Habitat-Richtlinie in der ganzen Europäischen Union geschützt. Wegen der starken Landschafts- und Nutzungsänderungen in vielen Gebieten ist die Dokumentation der verbliebenen Verbreitung der seltenen Arten von großer Bedeutung, um gezielt geeignete Schutzprogramme auflegen und durchführen zu können.

Spanische Fahne
04. August

Weißes Ordensband
17. Juni

Was uns die Nachtfalter mitteilen

Die Artenzusammensetzung einer lokalen Nachtfaltergemeinschaft kann sich kurzfristig von Jahr zu Jahr, aber auch langfristig über die Jahre ändern. Sie gibt damit wichtige Aufschlüsse über die Stabilität oder Veränderung von Umweltbedingungen. Da Raupen und Imagines der meisten Schmetterlinge unterschiedliche Ansprüche an ihren Lebensraum, z.B. an die Futterpflanzen haben, spiegeln sich häufig schon geringe Umweltveränderungen in der Zahl der Arten und Individuen einer Gemeinschaft wider. So ernähren sich die Raupen der Flechtenbären von Flechten, von denen viele Zeigerorganismen für saubere Luft sind. Verringert sich die Zahl der Flechten aufgrund von Luftverschmutzungen, finden auch weniger Raupen Nahrung und damit sinkt die Zahl der fliegenden Falter.

Auch die Klimaerwärmung zeigt sich anhand der Ausbreitung wärmeliebender Arten, die vermehrt aus dem Mittelmeergebiet einwandern, wie das Taubenschwänzchen oder ihr Verbreitungsgebiet nach Norden ausdehnen, wie der Labkrautschwärmer. An kühle, feuchte Lebensräume gebundene Arten werden es dagegen in Zukunft schwerer haben, ihr Verbreitungsgebiet in Mitteleuropa zu halten.

Flechtenbären

Labkrautschwärmer
02. August

Anhang und Arten

Dr. Manfred Verhaagh

Foto: Archiv pragmadesign

Dr. Manfred Verhaagh ist Hauptkonservator am Staatlichen Museum für Naturkunde Karlsruhe (SMNK), Leiter der Insektenkunde (Entomologie) und der Bibliothek sowie Kurator für Hautflügler.

Als Tropenökologe hat er über vier Jahre in den Regenwäldern Perus, Venezuelas und Brasiliens über die Biodiversität und Ökologie von Ameisen geforscht. Seine wichtigste Entdeckung betrifft eine kleine Bodenameise aus Amazonien, die er als Marsameise *Martialis heureka* und bislang einzige bekannte Art einer neuen, ursprünglichen Ameisen-Unterfamilie *(Martialinae)* beschrieben hat.

Manfred Verhaagh war Projektleiter für die Dauerausstellung „Facettenreich - Die Welt der Insekten", die 2010 am Naturkundemuseum Karlsruhe in Zusammenarbeit mit Armin Dett und Ralf Staiger von der Firma pragmadesign entstand und mehrfach für ihr Design ausgezeichnet wurde.

Dr. Robert Trusch

Foto: Joerg Donecker

Dr. Robert Trusch ist Kurator für Schmetterlinge am Staatlichen Museum für Naturkunde Karlsruhe (SMNK) und dort für die Landesdatenbank Schmetterlinge Baden-Württembergs (www.schmetterlinge-bw.de) sowie die mit 2,4 Mio. Exemplaren drittgrößte deutsche Schmetterlingssammlung zuständig.

Ehrenamtlich arbeitet er im Vorstand der Europäischen Gesellschaft für Schmetterlingskunde Socieatas Europaea Lepidopterologica (SEL), ist erster Vorsitzender des Naturwissenschaftlichen Vereins Karlsruhe e.V. sowie Naturschutzbeauftragter der Stadt Karlsruhe.

Forschungsreisen führten ihn nach Bhutan, Nepal, rund um das Mittelmeer und in den Iran. Inhalt seiner Arbeit sind Analysen zur Systematik und Biogeographie von Schmetterlingen sowie Beiträge zur Biologie und Ökologie. Der Schutz von Lebensräumen und Artengemeinschaften sind ihm als naturschutzfachliche Komponenten wichtig.

Robert Trusch war Mitarbeiter an der Dauerausstellung „Facettenreich - Welt der Insekten" und lernte dabei Armin Dett kennen.

Größen proportional

Armin Dett

Foto: Amelie Dett

Armin Dett ist Designer, langjähriger Dozent für Grafik-Design und intensiver Naturbeobachter. Als Kommunikationsdesigner hat er 1991 zusammen mit Ralf Staiger das Atelier pragmadesign in Konstanz gegründet. Mit der Gestaltung von Naturlehrpfaden und Ausstellungen für Museen hat sich das Atelier in der Bodenseeregion einen Namen gemacht. Für die Neugestaltung des Insektensaals im Staatlichen Museum für Naturkunde in Karlsruhe (SMNK) wurde pragmadesign mit einem Reddot Design Award und einem iF-Design Award ausgezeichnet und für einen German Design Award nominiert.

Armin Dett (Jahrgang 1966) wuchs in Markdorf auf und lebt heute mit seiner Familie bei Radolfzell. Seine Nachtfalter-Modelle stammen, bis auf vier Ausnahmen*, die aus didaktischen Gründen abgebildet wurden, ausschließlich aus dem Markelfinger Garten. Bei der Ortsgruppe Konstanz des NABU engagierte er sich ehrenamtlich für das Naturschutzgebiet Wollmatinger Ried. Mit Skizzenbuch und Fotoapparat sucht er auch auf Reisen Naturschönheiten – am liebsten in Regenwäldern Lateinamerikas.

Die Aufnahmen zu diesem Buch enstanden als Digitalaufnahmen (NEF, RAW) und wurden im Photoshop entwickelt und bearbeitet. Alle Schatten sind fotografiert. Für die Handhabung der lebenden Falter und die Einrichtung einer UV-Lichtquelle im Garten hat Armin Dett eine Sondergenehmigung der Regierungspräsidien. Alle Nachtfalter sind nach dem Fotografieren wieder in die Natur entlassen worden. Die Bilder der Entwicklungsphasen entstanden durch Falter, die beim Verbleiben an der Lichtquelle Eier ablegten. Auch die geschlüpften Falter wurden wieder in die Freiheit entlassen. Zusammengefasst liegen dem Buch weit über 1.800 Mußestunden – über mehrere Jahre verteilt – mit Nachtfaltern zugrunde.

*: Ordensband (S. 104 und 32); Windenschwärmer (S. 33, 58, 90, 98 und 107), Wolfsmilchschwärmer (S. 87), Kleespinner (S. 57 obere Reihe 1. v. l.)

Günter Ebert (Hrsg.): Die Schmetterlinge Baden-Württembergs Band 3, Nachtfalter I (Wurzelbohrer (Hepialidae), Holzbohrer (Cossidae), Widderchen (Zygaenidae), Schneckenspinner (Limacodidae), Sackträger (Psychidae), Fensterfleckchen (Thyrididae). Ulmer Verlag Stuttgart 1993. ISBN 3-8001-3472-1

Günter Ebert (Hrsg.): Die Schmetterlinge Baden-Württembergs Band 4, Nachtfalter II (Bombycidae, Endromidae, Lasiocampidae, Lemoniidae, Saturniidae, Sphingidae, Drepanidae, Notodontidae, Dilobidae, Lymantriidae, Ctenuchidae, Nolidae). Ulmer Verlag Stuttgart 1994. ISBN 3-8001-3474-8

Günter Ebert (Hrsg.): Die Schmetterlinge Baden-Württembergs Band 5, Nachtfalter III (Sesiidae, Arctiidae, Noctuidae). Ulmer Verlag Stuttgart 1997. ISBN 3-8001-3481-0

Günter Ebert (Hrsg.): Die Schmetterlinge Baden-Württembergs Band 6, Nachtfalter IV. (Noctuidae Fortsetzung). Ulmer Verlag Stuttgart 1997. ISBN 3-8001-3482-6

Günter Ebert(Hrsg.): Die Schmetterlinge Baden-Württembergs Band 7, Nachtfalter V (Noctuidae Schluß). Ulmer Verlag Stuttgart 1998. ISBN 3-8001-3500-0

Günter Ebert (Hrsg.): Die Schmetterlinge Baden-Württembergs Band 8, Nachtfalter VI (Geometridae). Ulmer Verlag Stuttgart 2001. ISBN 3-8001-3497-7

Günter Ebert (Hrsg.): Die Schmetterlinge Baden-Württembergs Band 9, Nachtfalter VII (Geometridae Fortsetzung und Schluß). Ulmer Verlag Stuttgart 2003. ISBN 3-8001-3279-6

PRO NATURA – Schweizerischer Bund für Naturschutz (Hrsg.) (1997): Schmetterlinge und ihre Lebensräume. Arten – Gefährdung – Schutz. Schweiz und angrenzende Gebiete. Band 2: Hesperiidae (Dickkopffalter), Psychidae (Sackträger), Heterogynidae (Federwidderchen), Zygaenidae (Rot- und Grünwidderchen), Syntomidae (Scheinwidderchen), Limacodidae (Schneckenspinner), Drepanidae (Sichelflügler), Thyatiridae (Wollrückenspinner), Sphingidae (Schwärmer). – XI + 679 S.; Egg/ZH (Fotorotar AG).

PRO NATURA – Schweizerischer Bund für Naturschutz (Hrsg.) (2000): Schmetterlinge und ihre Lebensräume. Arten – Gefährdung – Schutz. Schweiz und angrenzende Gebiete. Band 3: Hepialidae (Wurzelbohrer), Cossidae (Holzbohrer), Sesiidae (Glasflügler), Thyrididae (Fensterschwärmer), Lasiocampidae (Glucken), Lemoniidae (Wiesenspinner), Endromidae (Frühlingsspinner), Saturniidae (Pfauenspinner), Bombycidae (Seidenspinner), Notodontidae (Zahnspinner), Thaumetopoeidae (Prozessionsspinner), Dilobidae (Blaukopf-Eulenspinner), Lymantriidae (Trägspinner), Arctiidae (Bärenspinner). – XI + 914 S.; Egg/ZH (Fotorotar AG).

Bachelard, P., Bérard, R., Colomb, C., Demerges, D., Doux, Y., Fournier, F., Gibeaux, C., Maechler, J. Robineau, R., Schmit, P. & Tautel, C. (2007): Guide des papillons nocturnes de France. – Paris (Delachaux & Niestlé). 288 S., 55 Farbtafeln. ISBN 978-2-603-01429-5

Digitale Quellen:

http://www.lepiforum.de
http://www.faunaeur.org
http://de.wikipedia.org/wiki/Nachtfalter
http://www.kalender-365.eu/kalender/2012

Lokale Artenlisten:

Liste der Schmetterlinge von Hannes Egle, 1995, 1996 (BUND Möggingen) und Dirk Mertens, 1996 (BUND Möggingen)
Liste der Schmetterlinge von 1997–2012 (Datenbank BUND Möggingen)
Liste der Schmetterlinge im NSG Wollmatinger Ried, T. Marktanner, 1985
Die Schmetterlinge des NSG Mindelsee, K.D. Zinnert, 1973–75 (Der Mindelsee bei Radolfzell, Monographie eines Naturschutzgebietes auf dem Bodanrück, S. 675–706, ISBN 3-88251-045-5)

Größen proportional

Gestaltung & Projektleitung:
Armin Dett und Ralf Staiger
© pragmadesign Dett/Staiger
www.pragmadesign.de

Texte, Bestimmungen & Beratung:
Dr. Manfred Verhaagh
Dr. Robert Trusch
Armin Dett

Herausgeber, Redaktion & Idee:
Armin Dett

Fotos & Bildbearbeitung:
Armin Dett

Verlag & Vertrieb:
Stadler Verlagsgesellschaft mbH
Max-Stromeyer-Straße 172
78467 Konstanz
info@verlag-stadler.de
www.verlag-stadler.de

Herstellung:
Gorenjski tisk storitve,
Kranj, Slowenien

I. Auflage 1.500 Stck., 2013
II. Auflage 1.500 Stck., 2016

ISBN 978-3-7977-0570-9

Baden-Württemberg

REGIERUNGSPRÄSIDIUM FREIBURG

Wir danken der Höheren Naturschutzbehörde beim Regierungspräsidium Freiburg für die finanzielle Förderung des Buches.

Weitere finanzielle Unterstützung:

pragmadesign Armin Dett Ralf Staiger

Mein Dank für Rat und Tat

An meinen Freund Holger Spiering, der mit mir Vergleichsmessungen für die Größendarstellungen in den Bestimmungstabellen anhand seiner Faltersammlung machte.

An Robert Trusch und Axel Steiner, die geduldig fachliche Anregungen gaben und alle Artbestimmungen prüften.

An Ralf Staiger, meinen Partner bei pragmadesign, der kreativ und großzügig die Gestaltung des Buches im Atelier unterstützte und schöne Gestaltungsideen einbrachte.

Und besonders an meinen Mentor und Freund Manfred Verhaagh, der mich mit facettenreichem Wissen über die Insekten und mit seiner Begeisterung für dieses Buch intensiv förderte. Es war mir eine Freude, mit ihm zu tüfteln.

Größen proportional

Schönbär und Nonne unterwegs

Begleitend zu diesem Buch entstand eine gleichnamige Fotoausstellung mit über 100 gerahmten Bildern im Format 40 x 50 cm und 60 x 80 cm. Die Ausstellung zeigt in künstlerischen Kompositionen einen Großteil der hier vorgestellten Nachtfalterarten als hochauflösende Fotoprints. Gegen Leihgebühr kann die Ausstellung gemietet werden.

Kontakt und Informationen:
www.pragmadesign.de

Armin Dett
Kämpfenstr. 8
78315 Radolfzell
Deutschland
armindett@kabelbw.de
++ 49 (+) 77 32 / 8 91 98 80

WURZELBOHRER (HEPIALIDAE)

Ampfer-Wurzelbohrer *Triodia sylvina*

Kleiner Hopfen-Wurzelbohrer *Pharmacis lupulina*

SCHNECKENSPINNER (LIMACODIDAE)

Großer Schneckenspinner *Apoda limacodes*

HOLZBOHRER (COSSIDAE)

Unterfamilie Cossinae

Weidenbohrer *Cossus cossus*

Unterfamilie Zeuzerinae

Blausieb *Zeuzera pyrina*

Rohrbohrer *Phragmataecia castaneae*

GLUCKEN (LASIOCAMPIDAE)

Kleine Pappelglucke *Poecilocampa populi*

Ringelspinner *Malacosoma neustria*

Brombeerspinner *Macrothylacia rubi*

Kiefernspinner *Dendrolimus pini*

Grasglucke, Trinkerin *Euthrix potatoria*

Kupferglucke *Gastropacha quercifolia*

PFAUENSPINNER (SATURNIIDAE)

Nagelfleck *Aglia tau*

Kleines Nachtpfauenauge *Saturnia pavonia*

SCHWÄRMER (SPHINGIDAE)

Unterfamilie Sphinghinae

Lindenschwärmer *Mimas tiliae*

Abendpfauenauge *Smerinthus ocellata*

Pappelschwärmer *Laothoe populi*

Windenschwärmer *Agrius convolvuli* (W)

Kiefernschwärmer *Sphinx pinastri*

Unterfamilie Macroglossinae

Skabiosenschwärmer *Hemaris tityus*

Taubenschwänzchen *Macroglossum stellatarum*

Labkrautschwärmer *Hyles gallii*

Mittlerer Weinschwärmer *Deilephila elpenor*

Kleiner Weinschwärmer *Deilephila porcellus*

SICHELFLÜGLER (DREPANIDAE)

Unterfamilie Thyatirinae

Rosen-Eulenspinner *Thyatira batis*

Achat-Eulenspinner *Habrosyne pyritoides*

Augen-Eulenspinner *Tethea ocularis*

Pappel-Eulenspinner *Tethea or*

Unterfamilie Drepaninae

Zweipunkt-Sichelflügler *Watsonalla binaria*

Buchen-Sichelflügler *Watsonalla cultraria*

Heller Sichelflügler *Drepana falcataria*

Linden-Sichelflügler *Sabra harpagula*

Weißer Sichelflügler, Silberspinnerchen *Cilix glaucata*

ZAHNSPINNER (NOTODONTIDAE)

Unterfamilie Pygaerinae

Erpelschwanz-Rauhfußspinner *Clostera curtula*

Kleiner Rauhfußspinner *Clostera pigra*

Unterfamilie Notodontinae

Dromedar-Zahnspinner *Notodonta dromedarius*

Espen-Zahnspinner *Notodonta tritophus*

Zickzack-Zahnspinner *Notodonta ziczac*

Dunkelgrauer Zahnspinner *Drymonia ruficornis*

Schwarzeck-Zahnspinner *Drymonia obliterata*

Weißbinden-Zahnspinner *Drymonia querna*

Pappel-Zahnspinner *Pheosia tremula*

Birken-Zahnspinner *Pheosia gnoma*

Palpen-Zahnspinner *Pterostoma palpina*

Kamel-Zahnspinner *Ptilodon capucina*

Ahorn-Zahnspinner *Ptilodon cucullina*

Pappelauen-Zahnspinner *Gluphisia crenata*

Großer Gabelschwanz *Cerura vinula*

Buchen-Gabelschwanz *Furcula furcula*

Unterfamilie Phalerinae

Mondvogel *Phalera bucephala*

Eichen-Zahnspinner *Peridea anceps*

Unterfamilie Heterocampinae

Buchen-Zahnspinner *Stauropus fagi*

Pergament-Zahnspinner *Harpyia milhauseri*

EULENFALTER (NOCTUIDAE)

Unterfamilie Herminiinae

Bogenlinien-Spannereule *Herminia grisealis*

Unterfamilie Hypeninae

Nessel-Schnabeleule *Hypena proboscidalis*

Hopfen-Zünslereule *Hypena rostralis*

Unterfamilie Aventiinae

Sicheleule *Laspeyria flexula*

Unterfamilie Calpinae

Zackeneule *Scoliopteryx libatrix*

Unterfamilie Catocalinae

Rotes Ordensband *Catocala nupta*

Weißes Ordensband *Catephia alchymista*

Unterfamilie Arctiinae

Rosen-Flechtenbärchen *Miltochrista miniata*

Rotkragen-Flechtenbärchen *Atolmis rubricollis*

Nadelwald-Flechtenbärchen *Eilema depressa*

Bleigraues Flechtenbärchen *Eilema griseola*

Gelbleib-Flechtenbärchen *Eilema complana*

Dottergelbes Flechtenbärchen *Eilema sororcula*

Unterfamilie Arctiinae

Zimtbär, Rostflügelbär *Phragmatobia fuliginosa*

Gelber Fleckleibbär *Spilosoma lutea*

Breitflügeliger Fleckleibbär *Spilosoma lubricipeda*

Schmalflügeliger Fleckleibbär *Spilosoma urticae*

Graubär *Diaphora mendica*

Purpurbär *Rhyparia purpurata*

Rotrandbär *Diacrisia sannio*

Brauner Bär *Arctia caja*

Schönbär *Callimorpha dominula*

Spanische Fahne *Euplagia quadripunctaria (FFH)*

Unterfamilie Lymantriinae

Nonne *Lymantria monacha*

Buchen-Streckfuß *Calliteara pudibunda*

Schwan *Euproctis similis*

Schwarzes L *Arctornis l-nigrum*

Unterfamilie Pantheinae

Klosterfrau *Panthea coenobita*

Größen proportional

Beobachtungsdaten sind in die Landesdatenbank *www.schmetterlinge-bw.de* eingegeben, Juni 2013

Haseleule *Colocasia coryli*

Unterfamilie Acronictinae

Liguster-Rindeneule *Craniophora ligustri*

Erlen-Rindeneule *Acronicta alni*

Pfeileule *Acronicta* cf. *psi*

Ampfer-Rindeneule *Acronicta rumicis*

Woll-Rindeneule *Acronicta leporina*

Großkopf-Rindeneule *Acronicta megacephala*

Unterfamilie Plusiinae

Silbergraue Nessel-Höckereule *Abrostola tripartita*

Schwalbenwurz-Höckereule *Abrostola asclepiadis*

Dunkelgraue Nessel-Höckereule *Abrostola triplasia*

Schafgarben-Silbereule *Macdunnoughia confusa*

Messingeule *Diachrysia chrysitis*

Tutts Messingeule *Diachrysia stenochrysis***

Gamma-Eule *Autographa gamma* (W)

Unterfamilie Eustrotiinae

Silbereulchen *Deltote bankiana*

Unterfamilie Nolinae

Großer Kahnspinner *Bena bicolorana*

Jägerhütchen *Pseudoips prasinana*

Weiden-Kahneulchen *Earias clorana*

Unterfamilie Cuculliinae

Schatten-Mönch *Cucullia umbratica*

Königskerzen-Mönch *Cucullia* cf. *verbasci*

Unterfamilie Amphipyrinae

Pyramideneule *Amphipyra* cf. *pyramidea*

Unterfamilie Heliothinae

Umbra-Sonneneule *Pyrrhia umbra*

Baumwoll-Kapseleule *Helicoverpa armigera* (W)

Unterfamilie Bryophilinae

Dunkelgrüne Flechteneule *Cryphia algae*

Hellgrüne Flechteneule *Nyctobrya muralis*

Unterfamilie Xyleninae

Marmoriertes Gebüscheulchen *Elaphria venustula*

Reingraue Staubeule *Caradrina gilva*

Reingraue Staubeule *Caradrina gilva*

Graue Felsflur-Staubeule *Hoplodrina respersa*

Dreilinieneule *Charanyca trigrammica*

Meldeneule *Trachea atriplicis*

Bunte Ligustereule *Polyphaenis sericata*

Vielzahn-Johanniskrauteule *Actinotia polydon*

Achateule *Phlogophora meticulosa*

Berberitzeneule *Auchmis detersa*

Rotbraune Ulmeneule *Cosmia affinis*

Rotbuchen-Gelbeule *Tiliacea aurago*

Violett-Gelbeule *Xanthia togata*

Bleich-Gelbeule *Xanthia icteritia*

Schwarzgefleckte Herbsteule *Agrochola litura*

Heidelbeer-Wintereule *Conistra* cf. *vaccinii*

Feldflur-Wintereule *Conistra rubiginosa*

Gelbbraune Rindeneule *Lithophnae socia*

Hellgraue Holzeule *Lithophane ornitopus*

Braune Moderholzeule *Xylena vetusta*

Schwertlilieneule *Helotropha leucostigma*

Kletteneule *Gortyna flavago*

Stengeleule *Amphipoea* spec.

Schilfrohr-Wurzeleule *Rhizedra lutosa*

Rohrglanzgras-Schilfeule *Archanara neurica*

Große Grasbüscheleule *Apamea monoglypha*

Weißlichgelbe Grasbüscheleule *Apamea lithoxylaea*

Rötlichgelbe Grasbüscheleule *Apamea sublustris*

Schlangenlinien-Grasbüscheleule *Lateroligia ophiogramma*

Halmeule *Mesapamea* spec.

Buntes Halmeulchen *Oligia* cf. *versicolor*

Graufeld-Krautereule *Lacanobia w-latinum*

Gemüseeule *Lacanobia oleracea*

Flohkrauteule *Melanchra persicariae*

Violettbraune Kapseleule *Sideridis rivularis*

Kompasslatticheule *Hecatera dysodea*

Weißbinden-Nelkeneule *Hadena compta*

Dreizack-Graseule *Cerapteryx graminis*

Weißgerippte Lolcheule *Tholera decimalis*

Breitflügel-Graseule *Mythimna pudorina*

Weißfleck-Graseule *Mythimna conigera*

Bleiche Graseule *Mythimna pallens*

Spitzflügel-Graseule *Mythimna straminea*

Weißpunkt-Graseule *Mythimna albipuncta*

Kapuzen-Graseule *Mythimna ferrago*

Weißes L *Mythimna l-album*

Schilf-Graseule *Leucania obsoleta*

Kieferneule, Forleule *Panolis flammea*

Variable Kätzcheneule *Orthosia incerta*

Rundflügel-Kätzcheneule *Orthosia cerasi*

Gothica-Kätzcheneule *Orthosia gothica*

Zweifleck-Kätzcheneule *Anorthoa munda*

Holzrindeneule *Egira conspicillaris*

Unterfamilie Noctuinae

Ausrufungszeichen *Agrotis exclamationis*

Ypsiloneule *Agrotis ipsilon*

Hellrandige Erdeule *Ochropleura plecta*

Putris-Erdeule *Axylia putris*

Hausmutter *Noctua pronuba*

Bunte Bandeule *Noctua fimbriata*

Breitflügelige Bandeule *Noctua comes*

Janthina-Bandeule *Noctua* cf. *janthina*

Schwarzes C *Xestia c-nigrum*

Braune Spätsommer-Bodeneule *Xestia xanthographa*

Grüne Heidelbeereule *Anaplectoides prasina*

SPANNER (GEOMETRIDAE)

Unterfamilie Ennominae

Stachelbeer-Harlekin *Abraxas grossulariata*

Pfaffenhütchen Harlekin *Ligdia adustata*

Vogelschmeiß-Spanner *Lomaspilis marginata*

Dunkelgrauer Eckflügelspanner *Macaria alternata*

Violettgrauer Eckflügelspanner *Macaria liturata*

Klee-Gitterspanner *Chiasmia clathrata*

Hobelspanner *Plagodis dolabraria*

Gelbspanner *Opisthograptis luteolata*

Weiden-Saumbandspanner *Epione repandaria*

Pantherspanner *Pseudopanthera macularia*

Eschen-Zackenrandspanner *Ennomos fuscantaria*

Dreistreifiger Mondfleckspanner *Selenia dentaria*

Fett und rot: Geschützte Art

FFH: Fauna-Flora-Habitatrichtlinie der Europäischen Gemeinschaft (FFH-Richtlinie, 92/43/EWG)

**: Artstatus umstritten

W: Wanderfalter

Zweistreifiger Mondfleckspanner *Selenia lunularia*
Violettbrauner Mondfleckspanner *Selenia tetralunaria*
Heller Schmuckspanner *Crocallis elinguaria*
Schlehenspanner *Angerona prunaria*
Schwarzfühler-Dickleibspanner *Lycia hirtaria*
Pappel-Dickleibspanner *Biston strataria*
Birkenspanner *Biston betularia*
Graugelber Breitflügelspanner *Agriopis marginaria*
Großer Frostspanner *Erannis defoliaria*
Aschgrauer Rindenspanner *Hypomecis punctinalis*
Zackenbindiger Rindenspanner *Ectropis crepuscularia*
Heidespanner *Ematurga atomaria*
Kiefernspanner *Bupalus piniaria*
Braunstirn-Weißspanner *Cabera exanthemata*
Schattenbinden-Weißspanner *Lomographa temerata*
Perlglanzspanner *Campaea margaritata*
Zweibindiger Nadelwaldspanner *Hylaea fasciaria*

Unterfamilie Geometrinae
Grünes Blatt *Geometra papilionaria*
Gebüsch-Grünspanner *Hemithea aestivaria*
Waldreben-Grünspanner *Hemistola chrysoprasaria*

Unterfamilie Sterrhinae
Ahorn-Gürtelpuppenspanner *Cyclophora annularia*
Gepunkteter Eichen-Gürtelpuppenspanner *Cyclophora punctaria*
Rotbuchen-Gürtelpuppenspanner *Cyclophora linearia*
Ampferspanner *Timandra comae*
Marmorierter Kleinspanner *Scopula immorata*
Schmuck-Kleinspanner *Scopula ornata*
Vierpunkt-Kleinspanner *Scopula immutata*
Breitgebänderter Staudenspanner *Idaea aversata*

Unterfamilie Larentiinae
Garten-Blattspanner *Xanthorhoe fluctuata*
Heller Rostfarben-Blattspanner *Xanthorhoe spadicearia*
Dunkler Rostfarben-Blattspanner *Xanthorhoe ferrugata*
Rotbinden-Blattspanner *Catarhoe rubidata*
Ockergelber Blattspanner *Camptogramma bilineata*
Honiggelber Haarbüschelspanner *Eulithis mellinata*
Gelbköpfiger Springkraut-Blattspanner *Ecliptopera capitata*
Olivgrüner Bindenspanner *Chloroclysta siterata*
Buschhalden-Blattspanner *Dysstroma citrata*
Möndchenflecken-Bindenspanner *Dysstroma truncata*
Milchweißer Bindenspanner *Plemyria rubiginata*
Herbst-Kiefern-Nadelholzspanner *Thera firmata*
Zweibrütiger Kiefern-Nadelholzspanner *Thera* cf. *obeliscata*
Prachtgrüner Bindenspanner *Colostygia pectinataria*
Zweifarbiger Waldrebenspanner *Horisme vitalbata*
Sturmvogel *Melanthia procellata*
Kleiner Berberitzenspanner *Pareulype berberata*
Olivbrauner Höhlenspanner *Triphosa dubitata*
Großer Kreuzdornspanner *Philereme transversata*
Hohlzahn-Kapselspanner *Perizoma alchemillata*
Grüner Blattspanner *Chloroclystis v-ata*
Sandheiden-Johanniskrautspanner *Aplocera efformata*
Labkraut-Bindenspanner *Lampropteryx suffumata*
Gelbgestreifter Erlenspanner *Hydrelia flammeolaria*
Gestrichelter Lappenspanner *Trichopteryx polycommata*
Hellgrauer Lappenspanner *Trichopteryx carpinata*

ZÜNSLER (PYRALIDAE)

Unterfamilie Pyralinae
Mehlzünsler *Pyralis farinalis*

Unterfamilie Galleriinae
Große Wachsmotte *Galleria mellonella*

ZÜNSLER (CRAMBIDAE)

Unterfamilie Pyraustinae
Purpurroter Zünsler *Pyrausta purpuralis*
Nascia cilialis
Holunderzünsler *Anania coronata*
Brennnesselzünsler *Anania hortulata*
Maiszünsler *Ostrinia nubilalis*

Unterfamilie Spilomelinae
Nesselzünsler *Pleuroptya ruralis*
Buchsbaumzünsler *Cydalima perspectalis*

Liste der an der Lichtfalle beobachteten Nachtfalterarten, die ohne Genitaluntersuchung bestimmt werden konnten. Am Standort des Autors (A. Dett, Kämpfenstr. 8, 78315 Radolfzell/Markelfingen, GPS: 47°44‘45.44“ und 9°00‘18.15“, 421 m ü.M.) im Zeitraum von 2010–Juni 2013 erfasst. Die Artenliste wird laufend fortgeschrieben und kann beim Autor angefragt werden.

Lieben Dank und guten Flug!

Nach vielen Jahren Verwandlung ist meine Frau aus ihrer starren Puppenhülle geschlüpft und fortgeflogen. Ich danke ihr für die schönen Jahre und wünsche ihr Gesundheit und guten Flug. Amelie, Helena und ich haben uns alleine weiter entwickelt. Die Nachtfalter haben mir dabei geholfen.